O clima
e as cidades

O selo DIALÓGICA da Editora InterSaberes faz referência às publicações que privilegiam uma linguagem na qual o autor dialoga com o leitor por meio de recursos textuais e visuais, o que torna o conteúdo muito mais dinâmico. São livros que criam um ambiente de interação com o leitor – seu universo cultural, social e de elaboração de conhecimentos –, possibilitando um real processo de interlocução para que a comunicação se efetive.

DIALÓGICA

O clima
e as cidades

Francisco Jablinski Castelhano

Rua Clara Vendramin, 58 . Mossunguê . CEP 81200-170 . Curitiba . PR . Brasil
Fone: (41) 2106-4170 . www.intersaberes.com . editora@editoraintersaberes.com.br

Conselho editorial
Dr. Ivo José Both (presidente)
Drª Elena Godoy
Dr. Neri dos Santos
Dr. Ulf Gregor Baranow

Editora-chefe
Lindsay Azambuja

Gerente editorial
Ariadne Nunes Wenger

Analista editorial
Ariel Martins

Preparação de originais
Monique Francis Fagundes Gonçalves

Edição de texto
Arte e Texto Edição e Revisão de Textos

Capa
Débora Gipiela (*design*)
Tom Wang/Shutterstock (imagem)

Projeto gráfico
Mayra Yoshizawa

Diagramação
Renata Silveira

Equipe de *design*
Débora Gipiela
Mayra Yoshizawa

Iconografia
Sandra Lopis da Silveira

Dados Internacionais de Catalogação na Publicação (CIP)
(Câmara Brasileira do Livro, SP, Brasil)

1ª edição, 2020.

Foi feito o depósito legal.

Informamos que é de inteira responsabilidade do autor a emissão de conceitos.

Nenhuma parte desta publicação poderá ser reproduzida por qualquer meio ou forma sem a prévia autorização da Editora InterSaberes.

A violação dos direitos autorais é crime estabelecido na Lei n. 9.610/1998 e punido pelo art. 184 do Código Penal.

Castelhano, Francisco Jablinski
O clima e as cidades/Francisco Jablinski Castelhano. Curitiba: InterSaberes, 2020.

Bibliografia.
ISBN 978-85-227-0264-0

1. Cidades – Aspectos ambientais 2. Climatologia 3. Meio ambiente urbano 4. Mudanças climáticas 5. Planejamento urbano I. Título.

19-32164   CDD-551.69

Índices para catálogo sistemático:
1. Climatologia em ambientes urbanos: Abordagem geográfica: Ciências da terra   551.69

Maria Paula C. Riyuzo – Bibliotecária – CRB-8/7639

Sumário

Apresentação | 9
Como aproveitar ao máximo este livro | 11

1. **Introdução à climatologia em ambientes urbanos** | 15
    1.1 Por que estudar o clima em ambientes urbanos? | 17
    1.2 Gênese e desenvolvimento de estudos climáticos urbanos | 25
    1.3 O Sistema Clima Urbano (SCU) e o clima urbano no Brasil | 32
    1.4 A questão escalar em estudos de clima urbano | 38
    1.5 A produção do espaço urbano e o clima | 44

2. **Planejamento urbano, feições urbanas e o clima das cidades** | 55
    2.1 O que é planejar uma cidade? | 57
    2.2 As feições de uma cidade e seus resultados no clima | 69
    2.3 Cidades planejadas e o clima urbano | 74

3. **Balanço energético, radiação solar e ilhas de calor nas cidades** | 85
    3.1 As feições urbanas e o balanço energético | 87
    3.2 O que é uma ilha de calor? | 91
    3.3 Metodologias para medição, espacialização e definição de ilhas de calor | 99
    3.4 Conforto térmico e saúde humana | 107
    3.5 Mitigando ilhas de calor | 109

4. Balanço hídrico, chuvas e consequências nas cidades | 117
   - 4.1 Balanço hídrico nas cidades | 119
   - 4.2 Riscos e vulnerabilidades: a precipitação como problema socioambiental | 123
   - 4.3 Rios urbanos, chuvas e planejamento urbano | 128
   - 4.4 Técnicas e metodologias no estudo das precipitações em ambientes urbanos | 134
   - 4.5 Prevenção contra desastres ligados à chuva | 139

5. Poluição do ar, produção do espaço urbano e saúde nas cidades | 149
   - 5.1 Clima, cidades e qualidade do ar | 151
   - 5.2 Os riscos ligados à qualidade do ar | 161
   - 5.3 Condicionantes climáticas ao problema da poluição do ar | 164
   - 5.4 Métodos e técnicas para análise da qualidade do ar | 169
   - 5.5 Pensando na solução do problema: desafios, soluções e exemplos | 176

6. Mudanças climáticas e as cidades | 189
   - 6.1 Discutindo as mudanças climáticas globais antrópicas | 191
   - 6.2 Um olhar crítico sobre a teoria das mudanças climáticas antrópicas | 196
   - 6.3 Técnicas e metodologias para observar tendências e variabilidades no clima das cidades | 200
   - 6.4 Possíveis efeitos das mudanças climáticas nas cidades | 204
   - 6.5 E no Brasil? Efeitos e políticas voltados para mudanças climáticas nas cidades brasileiras | 208

Considerações finais | 219
Referências | 221
Bibliografia comentada | 249
Respostas | 253
Sobre o autor | 259

Apresentação

Em tempos de mudanças climáticas, estudos acerca de fenômenos atmosféricos e meteorológicos têm sua importância intensificada. A ciência climatológica passa por uma fase de grande divulgação e interesse para além do meio acadêmico-científico. Esse interesse cresce em decorrência de diversos fatores, por exemplo, no âmbito das cidades, observamos nas últimas décadas o crescimento excepcional da população urbana, de modo que mais da metade da população global já habita áreas urbanas. Os efeitos desse crescimento sobre o meio ambiente são vários, e o clima é um dos fatores mais afetados.

Sendo assim, esta obra foi elaborada com o intuito de introduzir a temática da relação entre o crescimento urbano e o clima para alunos e professores de graduação em Geografia, Engenharia Ambiental, Gestão ambiental, Arquitetura e Urbanismo e demais alunos e professores da área ambiental.

Os dois primeiros capítulos aqui propostos têm o objetivo maior de proporcionar um embasamento teórico sobre a temática, focando em aspectos mais introdutórios, como a origem dos estudos nessa área, sua importância, suas principais teorias e a intrínseca e complexa relação entre a produção do espaço urbano, o planejamento das cidades e o clima.

O Capítulo 1 faz uma introdução ao tema, listando o desenvolvimento histórico dessa área da climatologia e mostrando princípios científicos que têm norteado esse campo de estudos nos últimos anos.

Já o Capítulo 2 vai abordar o efeito das cidades no clima, trabalhando especificamente com o planejamento urbano e sobre como o ambiente urbano pode interagir com os fenômenos meteorológicos.

Na sequência, os Capítulos 3, 4 e 5 trarão abordagens mais detalhadas sobre as principais repercussões do clima nas cidades para os citadinos. Serão estudados os aspectos térmicos, hídricos e da qualidade do ar, procurando sempre apresentar bases teóricas, metodologias e técnicas de análise e exemplos concretos.

Os aspectos térmicos serão mais bem trabalhados no Capítulo 3, em que estudaremos seus aspectos físicos, seus efeitos e consequências, além de técnicas de análise e formas de mitigação.

No Capítulo 4, o foco serão as chuvas, tema que abordaremos por meio de formas de mapeamento, técnicas de coleta, além de amostras seus efeitos catastróficos nas cidades.

Já no Capítulo 5, abordaremos a relação entre as cidades, o clima e a má qualidade do ar, um problema típico dos centros urbanos e bastante relacionado às questões climáticas.

Por fim, no Capítulo 6, propomos uma discussão sobre este que é o tema mais debatido atualmente no âmbito da ciência climatológica: as mudanças climáticas. Nesse capítulo, buscamos trazer o que se sabe sobre as mudanças no clima, apresentando tanto teorias que indicam o homem como seu responsável quanto teorias que mostram que as mudanças observadas são naturais, assim como os possíveis cenários e efeitos no âmbito das áreas urbanas.

Esta obra busca, portanto, apresentar uma abordagem geográfica crítica aos problemas decorrentes do clima urbano, procurando salientar sua gênese, seus conceitos básicos, suas técnicas, metodologias e soluções, propiciando uma visão introdutória, mas ao mesmo tempo ampla, desse campo e apresentando situações vivenciadas pela maior parte da população global.

Como aproveitar ao máximo este livro

Empregamos nesta obra recursos que visam enriquecer seu aprendizado, facilitar a compreensão dos conteúdos e tornar a leitura mais dinâmica. Conheça a seguir cada uma dessas ferramentas e saiba como estão distribuídas no decorrer deste livro para bem aproveitá-las.

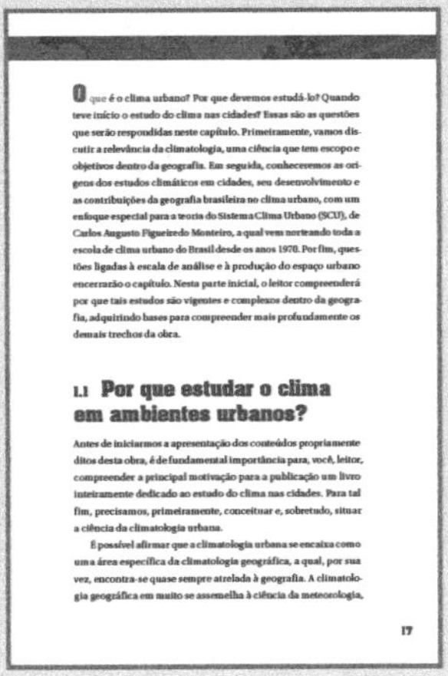

O que é o clima urbano? Por que devemos estudá-lo? Quando teve início o estudo do clima nas cidades? Essas são as questões que serão respondidas neste capítulo. Primeiramente, vamos discutir a relevância da climatologia, uma ciência que tem escopo e objetivos dentro da geografia. Em seguida, conheceremos as origens dos estudos climáticos em cidades, seu desenvolvimento e as contribuições da geografia brasileira no clima urbano, com um enfoque especial para a teoria do Sistema Clima Urbano (SCU), de Carlos Augusto Figueiredo Monteiro, a qual vem norteando toda a escola de clima urbano do Brasil desde os anos 1970. Por fim, questões ligadas à escala de análise e à produção do espaço urbano encerrarão o capítulo. Nesta parte inicial, o leitor compreenderá por que tais estudos são vigentes e complexos dentro da geografia, adquirindo bases para compreender mais profundamente os demais trechos da obra.

1.1 Por que estudar o clima em ambientes urbanos?

Antes de iniciarmos a apresentação dos conteúdos propriamente ditos desta obra, é de fundamental importância para, você, leitor, compreender a principal motivação para a publicação um livro inteiramente dedicado ao estudo do clima nas cidades. Para tal fim, precisamos, primeiramente, conceituar e, sobretudo, situar a ciência da climatologia urbana.

É possível afirmar que a climatologia urbana se encaixa como uma área específica da climatologia geográfica, a qual, por sua vez, encontra-se quase sempre atrelada à geografia. A climatologia geográfica em muito se assemelha à ciência da meteorologia,

17

Introdução do capítulo

Logo na abertura do capítulo, informamos os temas de estudo e os objetivos de aprendizagem que serão nele abrangidos, fazendo considerações preliminares sobre as temáticas em foco.

I

Síntese

Neste capítulo, vimos a introdução à temática do clima urbano, com a apresentação e a discussão de seus conceitos básicos. O clima urbano pode ser definido como as alterações na atmosfera realizadas pelo chamado *efeito urbano*, cujos grandes indutores foram a Revolução Industrial e os processos de urbanização subsequentes.

Vimos que os primeiros estudos a tratar do efeito do urbano sobre o clima datam do *século* XIX, quando Luke Howard observou o aumento de temperatura na região central de Londres comparada às áreas rurais que a circundavam.

A partir de então, passou-se a observar um crescimento nos estudos relacionados ao clima urbano, evidenciando cronologicamente nomes como Renou, Kratzer, Sundborg, Myrup e chegando a Oke, um dos maiores teóricos desses estudos atualmente.

No Brasil temos os estudos de Monteiro como precursor da escola brasileira de climatologia urbana, baseando-se, sobretudo, na perspectiva do estudo do clima das cidades. Esse autor compreende esse estudo como um fenômeno sistêmico, que tem na energia solar sua fonte inicial, na qual irá agir e interagir com as diversas faces da cidade, alterando a percepção climática dos citadinos sob o prisma de três aspectos principais: o conforto térmico, as chuvas e a qualidade do ar.

A questão da escala também foi abordada, com especial ênfase na taxonomia das camadas adotada por Oke (2004). O autor aponta duas perspectivas de estudos em clima urbano baseado nas duas camadas verticais da atmosfera urbana, a chamada *urban boundary layer* (UBL) que diz respeito aos efeitos do urbano sobre a atmosfera em escala meso e, a *urban canopy layer* (UCL), que transpassa os efeitos do urbano na atmosfera em escala intraurbana e micro.

48

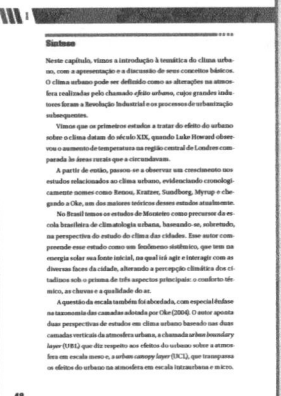

Síntese

Ao final de cada capítulo, relacionamos as principais informações nele abordadas a fim de que você avalie as conclusões a que chegou, confirmando-as ou redefinindo-as.

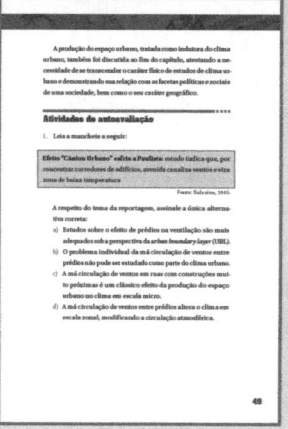

A produção do espaço urbano, tratada como indutora do clima urbano, também foi discutida ao fim do capítulo, atestando a necessidade de se transcender o caráter físico de estudos de clima urbano e demonstrando sua relação com as facetas políticas e sociais de uma sociedade, bem como o seu caráter geográfico.

Atividades de autoavaliação

1. Leia a manchete a seguir:

Efeito "Cânion Urbano" esfria a Paulista: estudo indica que, por concentrar corredores de edifícios, avenida canaliza ventos e vira zona de baixa temperatura

Fonte: Balazina, 2005.

A respeito do tema da reportagem, assinale a única alternativa correta:

a) Estudos sobre o efeito de prédios na ventilação são mais adequados sob a perspectiva da *urban boundary layer* (UBL).
b) O problema individual da má circulação de ventos entre prédios não pode ser estudado como parte do clima urbano.
c) A má circulação de ventos em ruas com construções muito próximas é um clássico efeito da produção do espaço urbano no clima em escala micro.
d) A má circulação de ventos entre prédios altera o clima em escala zonal, modificando a circulação atmosférica.

49

Atividades de autoavaliação

Apresentamos estas questões objetivas para que você verifique o grau de assimilação dos conceitos examinados, motivando-se a progredir em seus estudos.

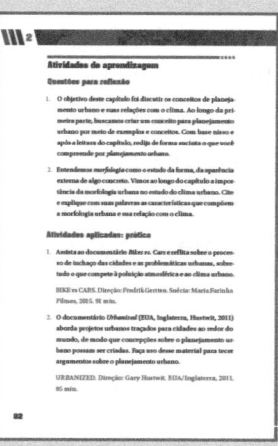

2

Atividades de aprendizagem

Questões para reflexão

1. O objetivo deste capítulo foi discutir os conceitos de planejamento urbano e suas relações com o clima. Ao longo da primeira parte, buscamos criar um conceito para planejamento urbano por meio de exemplos e conceitos. Com base nisso e após a leitura do capítulo, redija de forma sucinta o que você compreende por *planejamento urbano*.
2. Entendemos *morfologia* como o estudo da forma, da aparência externa de algo concreto. Vimos ao longo do capítulo a importância da morfologia urbana no estudo do clima urbano. Cite e explique com suas palavras as características que compõem a morfologia urbana e sua relação com o clima.

Atividades aplicadas: prática

1. Assista ao documentário *Bikes vs. Cars* e reflita sobre o processo de inchaço das cidades e as problemáticas urbanas, sobretudo o que compete à poluição atmosférica e ao clima urbano.

   BIKE vs CARS. Direção: Fredrik Gertten. Suécia: Maria Farinha Filmes, 2015. 91 min.

2. O documentário *Urbanized* (EUA, Inglaterra, Hustwit, 2011) aborda projetos urbanos traçados para cidades ao redor do mundo, de modo que concepções sobre o planejamento urbano possam ser criadas. Faça uso desse material para tecer argumentos sobre o planejamento urbano.

   URBANIZED. Direção: Gary Hustwit. EUA/Inglaterra, 2011. 85 min.

82

Atividades de aprendizagem

Aqui apresentamos questões que aproximam conhecimentos teóricos e práticos a fim de que você analise criticamente determinado assunto.

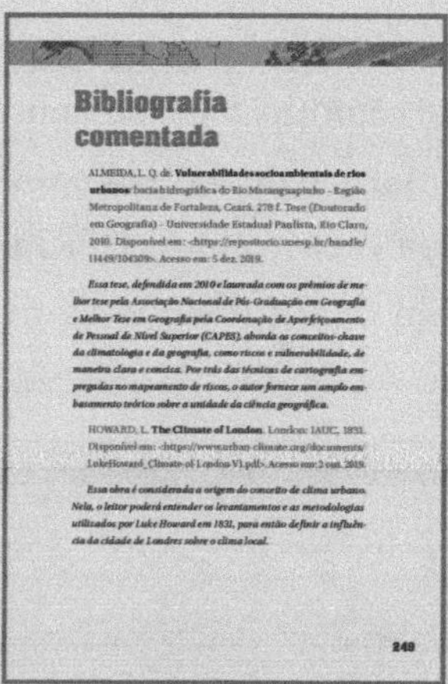

Bibliografia comentada

ALMEIDA, L. Q. de. **Vulnerabilidades socioambientais de rios urbanos**: bacia hidrográfica do Rio Maranguapinho – Região Metropolitana de Fortaleza, Ceará. 278 f. Tese (Doutorado em Geografia) – Universidade Estadual Paulista, Rio Claro, 2010. Disponível em: <https://repositorio.unesp.br/handle/11449/104309>. Acesso em: 5 dez. 2019.

Essa tese, defendida em 2010 e laureada com os prêmios de melhor tese pela Associação Nacional de Pós-Graduação em Geografia e Melhor Tese em Geografia pela Coordenação de Aperfeiçoamento de Pessoal de Nível Superior (CAPES), aborda os conceitos-chave da climatologia e da geografia, como riscos e vulnerabilidade, de maneira clara e concisa. Por trás das técnicas de cartografia empregadas no mapeamento de riscos, o autor fornece um amplo embasamento teórico sobre a unidade da ciência geográfica.

HOWARD, L. **The Climate of London**. London: IAUC, 1831. Disponível em: <https://www.urban-climate.org/documents/LukeHoward_Climate-of-London-V1.pdf>. Acesso em: 2 out. 2019.

Essa obra é considerada a origem do conceito de clima urbano. Nela, o leitor poderá entender os levantamentos e as metodologias utilizados por Luke Howard em 1831, para então definir a influência da cidade de Londres sobre o clima local.

249

Bibliografia comentada

Nesta seção, comentamos algumas obras de referência para o estudo dos temas examinados ao longo do livro.

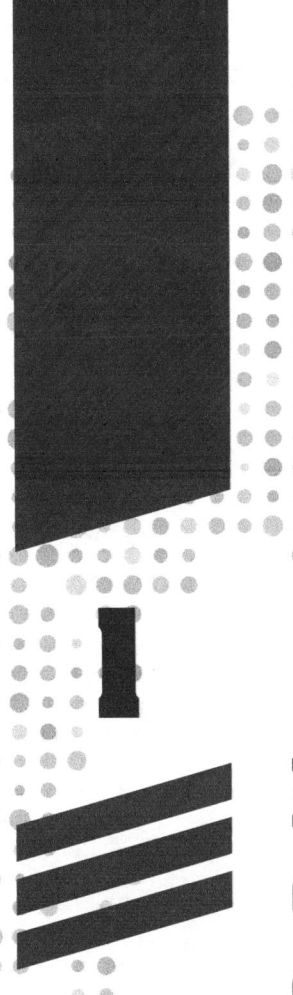

Introdução à climatologia em ambientes urbanos

O que é o clima urbano? Por que devemos estudá-lo? Quando teve início o estudo do clima nas cidades? Essas são as questões que serão respondidas neste capítulo. Primeiramente, vamos discutir a relevância da climatologia, uma ciência que tem escopo e objetivos dentro da geografia. Em seguida, conheceremos as origens dos estudos climáticos em cidades, seu desenvolvimento e as contribuições da geografia brasileira no clima urbano, com um enfoque especial para a teoria do Sistema Clima Urbano (SCU), de Carlos Augusto Figueiredo Monteiro, a qual vem norteando toda a escola de clima urbano do Brasil desde os anos 1970. Por fim, questões ligadas à escala de análise e à produção do espaço urbano encerrarão o capítulo. Nesta parte inicial, o leitor compreenderá por que tais estudos são vigentes e complexos dentro da geografia, adquirindo bases para compreender mais profundamente os demais trechos da obra.

1.1 Por que estudar o clima em ambientes urbanos?

Antes de iniciarmos a apresentação dos conteúdos propriamente ditos desta obra, é de fundamental importância para, você, leitor, compreender a principal motivação para a publicação de um livro inteiramente dedicado ao estudo do clima nas cidades. Para tal fim, precisamos, primeiramente, conceituar e, sobretudo, situar a ciência da climatologia urbana.

É possível afirmar que a climatologia urbana se encaixa como uma área específica da climatologia geográfica, a qual, por sua vez, encontra-se quase sempre atrelada à geografia. A climatologia geográfica em muito se assemelha à ciência da meteorologia, pois ambas têm na atmosfera o seu objeto de estudo, embora a segunda esteja mais ligada à física.

Para o geógrafo e estudioso do clima Sorre (1934), a climatologia geográfica tem sua base na meteorologia, atestada pela preocupação técnica com a tomada de medidas, metodologias, sensibilidade de aparelhos e aspectos matemáticos da atmosfera, os quais, de fato, são da alçada de meteorologistas, em função de uma formação voltada para a área das ciências físicas.

Ayoade (1986) complementa apontando a meteorologia como a ciência responsável pela porção física, química e dinâmica da atmosfera e de suas interações, enquanto o climatologista foca suas preocupações nos resultados dos processos atmosféricos. Segundo esse autor, a climatologia tradicionalmente ocupa-se da descrição e da análise das distribuições espaço/temporais dos elementos do tempo meteorológico.

Indo um pouco além, Hufty (2001) conceitua a climatologia geográfica como a ciência que estuda as interações energéticas e hídricas entre a superfície terrestre e a atmosfera e seus efeitos, diretos ou não, nas sociedades a elas sujeitas.

De volta a Sorre (1934), é importante analisarmos a ideia proposta pelo autor, de que o clima é apenas mais um dos fatores que compõem o espaço geográfico analisado, ressaltando a importância de se examinar suas inter-relações com os demais elementos da paisagem. Segundo esse autor,

> Aos olhos do climatólogo, a variação termométrica[i] aparece primeiro como um elemento da particularidade climática de um lugar ou de uma região. Esta particularidade climática é, por sua vez, apenas um

---
i. Refere-se à variação de temperatura.

elemento das características geográficas, as quais compreendem, ainda, a forma do terreno, as águas, o mundo vivo. Ele tem constantemente presentes no espírito as relações da interdependência entre esses elementos, relações que não se exprimem absolutamente por fórmulas matemáticas. (Sorre, 1934, p. 89)

É interessante observar que, até o momento, a relação clima e homem enquanto indivíduo e sociedade não se encontra clara. Neste momento, é importante trazer à discussão os apontamentos de Pierre Pédelaborde (citado por Barros; Zavattini, 2009), nos quais a climatologia geográfica situa-se como um ramo específico da geografia física que estuda a distribuição espacial dos elementos meteorológicos e que, portanto, relaciona-se com as demais faces da ciência geográfica, uma vez que tal distribuição encontra-se intimamente relacionada com os demais componentes da superfície terrestre, sejam eles naturais, sejam eles antrópicos.

Entendemos, com base nas conceituações apresentadas, que a climatologia geográfica se situa, portanto, como uma ciência que busca analisar as interações entre o clima como fenômeno atmosférico de longa escala temporal e os demais elementos que formam a paisagem geográfica, sejam sociais, sejam antrópicos ou naturais.

A climatologia urbana, por sua vez, situa-se como uma área mais recente da ciência climática. A preocupação do homem com o clima, especificamente o das cidades, obviamente não poderia existir sem a existência das cidades em si.

Podemos afirmar que o desenvolvimento desse ramo da ciência, tal qual a urbe moderna como a conhecemos, começou a surgir em razão da Revolução Industrial do século XVIII (Lefebvre, 2001).

A partir dessa época, as cidades, alavancadas por intensos processos de êxodo rural, passaram a crescer cada vez mais em cada vez menos tempo. Mendonça (1993) reitera essa ideia, apontando os processos de industrialização como os grandes desencadeadores da degradação do meio ambiente, consequências de um modelo de desenvolvimento concentrador de benefícios e de forte impacto sobre a qualidade de vida da sociedade como um todo, não apenas nas cidades, como retrata a Figura 1.1.

Figura 1.1 – Porção leste da cidade de Londres no início do século XX

Everett Historical/Shutterstock

Tal modelo de desenvolvimento nem sempre ordenou a expansão urbana e industrial das cidades, contudo, atualmente é quem se apropria, planeja, arruma ou modifica o espaço existente de acordo com suas finalidades (Lefebvre, 2001).

O Gráfico 1.1, a seguir, apresenta o exemplo clássico do crescimento de Londres ao longo do século XIX. O inchaço da cidade é tal que sua população cresceu mais de seis vezes em apenas um século, saindo de menos de um milhão de habitantes, no início do século XIX, para aproximados 6,5 milhões no fim desse período, com um crescimento mais acentuado em sua segunda metade.

Em relação a esse fato, ainda observamos que, no censo de 2016, a população londrina foi estimada em 8,7 milhões de habitantes, crescendo pouco mais de 2 milhões em 117 anos, um aumento semelhante ao visto entre 1891 e 1899. Esse exemplo permite afirmar que, a partir do século XIX, a cidade se tornou palco das maiores e mais intensas interações entre o homem e o ambiente que o cerca.

Gráfico 1.1 – Crescimento da população de Londres no século XIX

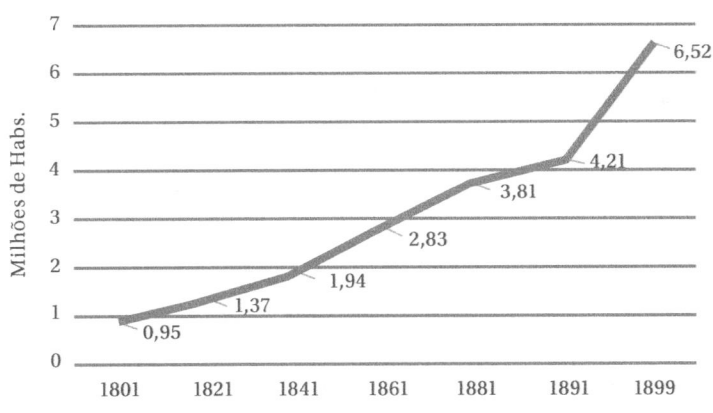

Fonte: Weinreb; Hibbert, 1983.

No entanto, a população urbana no âmbito mundial só atingiu sua maioria em relação à rural recentemente, em 2007. Em um estudo de 2014 realizado pela divisão de assuntos econômicos e sociais da Organização das Nações Unidas (ONU) e indicado aqui pelo Gráfico 1.2, prospectou-se o crescimento da população urbana mundial indicando que 66,4% dos seres humanos viverão em cidades no ano de 2050. Apesar de alguns centros urbanos estarem demonstrado sinais de redução em suas populações e estas ainda serem apontadas como os locais em que a qualidade de vida tende a ser melhor, esse relatório relembra os problemas do crescimento urbano não planejado, mostrando problemáticas urbanas como a grande desigualdade social, a degradação ambiental e a poluição, algo que clama para a necessidade de estudos cada vez mais focados e detalhados sobre esse ambiente.

Gráfico 1.2 – Crescimento e prospecções para a população urbana mundial

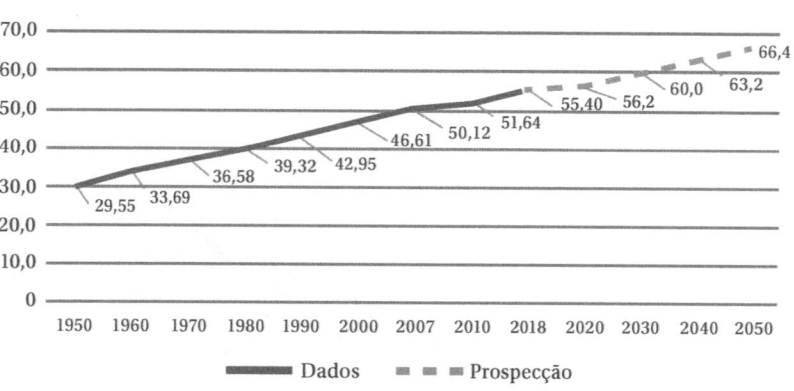

Fonte: Elaborado com base em UN, 2014.

Se é nas cidades que vive e convive a maior parcela da população mundial, é também nelas que as relações sociedade/natureza se manifestam com maior intensidade e frequência, causando também maiores impactos (Spagnolo, 2011) e perpetuando-se como algo desequilibrado, afetando diretamente a qualidade de vida dos citadinos (Fernández, 2000; Mendonça, 2004).

Sendo assim, é lógica a ideia de que os problemas ligados à poluição do ar, ao desconforto térmico e às enchentes urbanas estão entre os mais recorrentes nos grandes centros. Além de estarem intimamente conectados ao clima, esses problemas estão também diretamente ligados ao modelo de desenvolvimento urbano perpetuado na era pós-Revolução Industrial (Chandler, 1953; Ojima; Hogan, 2008).

Spagnolo (2011) ressalta, contudo, que a origem desses problemas ambientais urbanos não se deve apenas ao crescimento numérico das medidas físicas das cidades e da população, mas também a um amplo processo histórico, político e econômico específico para cada caso.

O Quadro 1.1, a seguir, elaborado com base em Ayoade (1986), sintetiza alguns dos efeitos do clima nas cidades observados pelos estudos de Landsberg, fornecendo-nos uma breve ideia sobre o que esperar dos estudos de clima urbano. Os valores aqui apresentados são apenas hipotéticos e variam de realidade para realidade.

Quadro 1.1 – Efeitos do clima na cidade em relação à zona rural

Elementos	Efeitos	Zona urbana em comparação à zona rural
Qualidade do ar	Material particulado	10 vezes mais
	Dióxido de enxofre	5 vezes mais
	Dióxido de carbono	10 vezes a mais
	Monóxido de carbono	25 vezes a mais
Nebulosidade	Cobertura de nuvens	5 a 10% a mais

(continua)

(Quadro 1.1 - conclusão)

Elementos	Efeitos	Zona urbana em comparação à zona rural
Precipitação	Quantidade total	5 a 10% a mais
	Dias de chuva com 5 mm ou mais	10% a mais
	Queda de neve	5% a menos
	Dias com neve	14% a menos
Temperatura	Média anual	0,5 a 1,0 °C a mais
	Mínimas de inverno	1,0 a 2,0 °C a mais
Umidade relativa	Média anual	6% menos
	Inverno	2% menos
	Verão	8% menos
Velocidade do vento	Média anual	20 a 30% menos
	Movimentos extremos	10 a 20% menos
	Calmarias	5 a 20% a mais

Fonte: Elaborado com base em Ayoade, 1986.

Se o clima de uma cidade já é um tema de alta complexidade e tem grandes consequências para a maior parte da população global, pensando em cenários de mudanças climáticas, as cidades vão se tornar locais ainda mais vulneráveis à ação do clima e serão os que mais necessitarão de estruturas e estudos para lidar com tais alterações.

Os avanços nas técnicas e a crescente utilização de modelos estatísticos e computadorizados têm tornado esses estudos cada vez mais detalhados, com grande riqueza técnica e acurácia, e, principalmente, têm proporcionando ferramentas aos gestores, de modo que os ambientes urbanos, em termos de clima, possam se tornar mais saudáveis e propiciar uma melhor qualidade de vida às suas populações.

1.2 Gênese e desenvolvimento de estudos climáticos urbanos

O clima sempre povoou o imaginário das mais diversas civilizações que habitaram o nosso planeta. Cultos, crenças, sacrifícios, divindades e celebrações marcaram por muito tempo a relação entre o homem e os fenômenos meteorológicos, definindo, inclusive, um ramo da antropologia que estuda especificamente essas relações, a denominada *antropologia do clima* (Faulhaber, 2004; Broda, 1989).

Nas sociedades ocidentais, temos como marco nos estudos climáticos os relatos de Hipócrates e, principalmente, de Aristóteles no século IV a.C. Este redigiu um tratado intitulado *Meteora*, que é considerado o primeiro registro sobre o assunto e focado na explicação de aspectos ligados à gênese das chuvas, do calor, dos mares e de fenômenos como terremotos. Contudo, foi somente no século XIV que os primeiros equipamentos para mensuração de elementos meteorológicos surgiram (Charles, 2006).

Como mencionamos anteriormente, os estudos relacionados ao clima e às cidades só despontaram com a expansão das cidades no período pós-Revolução Industrial. Assume-se que o primeiro registro de um estudo de clima urbano de fato foi publicado por Luke Howard (visto na Figura 1.2 à esquerda) no ano de 1818, intitulado *The Climate of London*, e posteriormente em versão expandida em 1833.

Howard é considerado por muitos um dos pais da meteorologia e do clima urbano, sendo famoso também por ter proposto a primeira classificação de nuvens. Seu retrato figura no *hall* da Royal Meteorological Society (Sociedade Real Meteorológica) do

Reino Unido e sua residência em Londres pode ser visitada até os dias de hoje.

Seu volume dedica um capítulo sobre os diferentes equipamentos que utiliza, seguidos por descrições simples do clima de Londres embasadas por observações próprias e feitas pela Royal Meteorological Society.

Ao abordar a questão da temperatura, o autor apresentou pela primeira vez a possibilidade de o fenômeno urbano ter relação com as mudanças das características climáticas de Londres. Como método, o autor comparou registros de termômetros na própria Royal Meteorological Society, na região mais central de Londres, com outros instalados nas bordas e zonas rurais da cidade, situados até 6,4 km entre o ponto considerado urbano e os demais.

Por meio desse experimento, em suas conclusões o autor relatou ter registrado uma média anual alterada de cerca de 1 °C mais quente no ponto urbano em comparação aos pontos "rurais" medidos entre os anos de 1806 e 1830. Howard demonstrou também que a intensidade da diferença de temperatura era mais forte durante a noite.

Apesar da notada diferença, o pesquisador resistiu em designar a existência de um clima espacialmente específico na região urbana de Londres, não utilizando a nomenclatura *clima urbano*, como podemos perceber na citação do parágrafo a seguir. Ele apontou como justificativa para o aumento da temperatura atmosférica a utilização de fogões a lenha, fornos e aquecedores em Londres.

De acordo com Howard (1831, p. 66, tradução nossa), "a temperatura da cidade não deve ser considerada como a do clima. Ela partilha também muito de um calor artificial, induzido por suas estruturas, por um inchaço populacional e ao consumo de grandes quantidades de combustível através do fogo".

Percebemos ao longo do texto a ausência de um método científico conciso para comprovar suas afirmações. O próprio autor cita esses problemas, como a alocação dos termômetros de modelos distintos em diferentes alturas para os registros.

Posteriormente aos trabalhos de Howard, foram realizados estudos sobre as diferenças de temperatura entre Paris e seu entorno pelo climatólogo francês Émilien Renou (Pinson et al., 2015).

Com a virada do século, novos e mais detalhados estudos passaram a descrever melhor o clima das cidades, sendo um exemplo a clássica obra *The Climate of the Cities* (O clima das cidades), publicada em 1937 por Albert Kratzer. Esse autor foi um dos pioneiros nessa ciência, por incluir em sua teoria os estudos envolvendo o clima das cidades por meio de três perspectivas: os efeitos do clima na cidade, os efeitos da cidade no clima e suas diferenças para as áreas em seu entorno e, finalmente, o efeitos e as consequências das alterações do clima na população que reside nas cidades.

Ainda nesse período, Gartland (2010) ressaltava os trabalhos de Wilhelm Schmidt, em Viena, e de J. Murray Mitchell Jr., nos Estados Unidos, como os pioneiros nos estudos sobre clima urbano.

Já Sundborg (1950) é considerado o precursor na utilização de medidas móveis para identificar a diferença de temperatura entre pontos distintos de uma cidade. Seu estudo em Uppsala (Suécia) foi realizado por meio da utilização de um termômetro acoplado a um carro, de modo a traçar diferentes rotas dentro de sua área urbana.

Em sua obra publicada em 1953, *On the Causes of Instrumentally Observed Secular Temperature Trends* (Sobre as causas das tendências de temperatura seculares instrumentalmente observadas, em tradução livre), Mitchell Jr. (1953) apontou que as mudanças nos padrões populacionais e industriais de cidades são responsáveis pelas alterações no clima das cidades em longos períodos.

Em 1965, Chandler publicou o que seria conhecido como um dos mais completos trabalhos de pesquisa sobre o clima urbano de um sítio até então, o *The Climate of London* (O clima de Londres, em tradução livre). Assim como o título do trabalho de Howard, esse estudo descreve em detalhes e com maior acurácia estatística não só o clima da capital inglesa, mas também suas interações com outros fatores da paisagem londrina, inclusive sociais.

Esse pesquisador analisou diferenças de temperatura, influências da cidade na dinâmica dos ventos, aspectos da poluição do ar e insolação e apresentou um mapa de ilhas de calor de Londres baseado em suas investigações.

Discutindo ainda as chuvas na cidade, Chandler (1953, p. 215, tradução nossa) sugere:

> Parece, à primeira vista, plausível de postulação que, devido ao incremento na poluição atmosférica, e o consequente aumento na condensação nuclear, assim como uma mais ativa turbulência termal e mecânica acima de Londres, não apenas o montante de nuvens tende a aumentar mas também a precipitação sobre sua área urbana.

Somente no fim dos anos 1960 e no início dos anos 1970 foi possível verificar uma aproximação definitiva entre os estudos de clima urbano e a física e a matemática, aliados ao início da modelização computadorizada aplicada aos estudos em clima urbano (Mills, 2009).

O estudo de Myrup (1969) que teorizou o primeiro modelo numérico baseado no balanço de energia para estimar a intensidade e a magnitude de ilhas de calor é um clássico exemplo dessa aproximação, sendo considerado um pioneiro nessa área, assim como Georgii (1969), que realizou estudos em Frankfurt, na Alemanha, descrevendo em detalhes a influência das feições da cidade na dinâmica dos ventos e, por sua vez, na dispersão e no acúmulo de poluentes atmosféricos na mesma cidade.

Nessa mesma época, começaram a surgir os primeiros trabalhos sobre a temática no Brasil, sendo a obra do geógrafo Carlos Augusto Figueiredo Monteiro, *Teoria e clima urbano* (1976), um expoente, a qual será discutida com mais detalhes na próxima seção deste capítulo.

No fim dos anos 1970 e início dos anos 1980, houve um salto nos estudos de clima urbano com as proposições do canadense Tim Oke e os estudos do alemão Helmut Landsberg. Pesquisando em uma época na qual crescia cada vez mais a utilização de modelos matemáticos, Landsberg surgiu como crítico a essas metodologias científicas, alertando que a "matematização" da climatologia não ajudaria a solucionar os problemas cotidianos ligados ao clima (Henderson, 2017).

Mendonça (1994) pontua algumas contribuições teóricas de Oke para a climatologia urbana, sendo que a principal refere-se à definição das escalas de estudo entre *urban boundary layer* (camada limite urbana) e *urban canopy layer* (camada de cobertura urbana), as quais serão mais bem explanadas na próxima seção, e também outras como o *sky view factor* (fator de cobertura do céu, ligado à presença de edificações e vegetação) e as ilhas de frescor (ligadas à presença de áreas verdes isoladas na malha urbana).

Percebemos até aqui que os estudos em clima urbano andam lado a lado com a história do pensamento geográfico. Se, no início, eram realizadas abordagens descritivas e mais simples, seguidas por estudos mais pragmáticos e matemáticos nos anos 1960 e 1970, atualmente, principalmente após os anos 1980 e sob forte influência da corrente de pensamentos da geografia crítica, tais estudos assumiram a função de auxiliar e apresentar subsídios para o planejamento e a gestão das cidades, almejando assim evitar ou mitigar problemas ambientais ligados ao clima.

Observamos ainda o crescimento de estudos climáticos urbanos pautados em modelos e simulações computacionais. Os estudos tendem a se tornar mais detalhados em termos de estatística, como relata Petersen (2000, p. 270, tradução nossa):

> A ciência climática tem que lidar com problemas metodológicos importantes que dizem respeito à simulação climática. Estes relacionados a complexidade e hierarquia de modelos, falseabilidade e incertezas. Todos estes aspectos tornaram-se só recentemente tópico de discussão na comunidade científica do clima.

A Figura 1.2, a seguir, sintetiza a história dos estudos em clima urbano, dividindo-a em períodos que se iniciam com os estudos de Luke Howard e terminam com o período pós anos 1980 até a atualidade.

Figura 1.2 – Estudos de clima urbano ao longo do tempo

1780-1830
- » Revolução Industrial na Inglaterra
- » Londres supera 1 milhão de habitantes nos anos de 1820
- » Publicação da 1ª edição da Obra *The Climate of London*, por Luke Howard, em 1818

1830-1910
- » Pesquisas sobre clima urbano são realizadas em diversas cidades da Europa
- » Focam na diferença de temperatura entre os centros e as periferias
- » Destaque para Emilien Renou e seu trabalho sobre Paris em 1855

1950-1970
- » Estudos apresentam maior acurácia estatística
- » Relações entre população, paisagem e clima urbano passam a ser mais presentes
- » Destaque para a obra *The Climate of London* de Chandler, publicada em 1965

1910-1950
- » Novos e mais detalhados estudos são publicados
- » Destaque para *The climate of the Cities*, de Albert Kraztzer, em 1937
- » Wilhem Schimidt detalha estudos em microclima urbano na Áustria em 1917

1970-1980
- » Aproximação da climatologia com a física e a matemática
- » Utilização de modelos matemáticos no clima urbano
- » Publicação da principal obra de clima urbano no Brasil, *Teoria e clima urbano*, por Carlos Augusto Figueiredo Monteiro, em 1976

Pós-1980
- » Aproximação entre os estudos de clima urbano e o planejamento urbano
- » Busca por novas relações e estudos pautados por modelos e simulações computacionais
- » Destaque para a obra *Boundary Layer Climates*, em 1978

1.3 O Sistema Clima Urbano (SCU) e o clima urbano no Brasil

Tratando especificamente do clima urbano no âmbito da geografia brasileira, Carlos Augusto Figueiredo Monteiro é reconhecido como o autor das principais contribuições teóricas nessa área (Mendonça, 1994; Sant'anna Neto, 2001; Zavattini, 2000).

Sua teoria, elaborada nos anos 1970, utiliza preceitos da Teoria Geral dos Sistemas de Bertalanffy e discussões acerca do conceito de **geossistema** como quadro de referência teórica para estudar o fenômeno do clima urbano, elaborando uma metodologia nova, o Sistema Clima Urbano (SCU).

A Teoria Geral dos Sistemas passou a ser abordada na geografia pelo geógrafo russo Sochava, nos anos 1960. Esse autor foi responsável também por cunhar o conceito de *geossistema*, elevando tal abordagem a um novo paradigma dentro da ciência geográfica, vide seu caráter integrador e a fácil acepção das relações entre as estruturas presentes em um geossistema (Gregory, 1992).

Em uma crítica à geografia física pura e pragmática, Suertegaray (2002) aponta a concepção de geossistema como o início de um novo olhar integrador entre homem e natureza dentro da geografia, citando que tal fato representa a superação da geografia física clássica e resgata a sua unidade enquanto ciência, superando a dicotomia física × humana.

Ainda sobre sistemas, Christofoletti (1999) trata a abordagem holística típica do geossistema como a compreensão do conjunto, mais do que apenas as partes isoladas que o compõem, contrapondo a lógica cartesiana vigente.

Dessa forma, a teoria de Monteiro interpreta o homem e a natureza como coparticipantes na criação do clima específico de uma cidade e, portanto, enxerga na Teoria Geral dos Sistemas o aporte teórico-chave para tal finalidade.

O SCU é apontado por esse pesquisador como um sistema aberto, em que o subsídio energético é dado pela radiação solar, portanto, de natureza térmica. A definição das dimensões desse sistema são de responsabilidade do pesquisador, uma vez que, segundo Monteiro, o SCU pode ser replicado em cidades e espaços urbanizados por meio de diversas dinâmicas e tamanhos, a depender do objetivo central da pesquisa a ser realizada.

Monteiro (1976) propõe dez postulados básicos para uma melhor interpretação de sua teoria, sendo os principais pontos ressaltados aqui. Esse autor reconhece o espaço urbanizado como o núcleo de seu sistema e o clima urbano como o clima que recobre tal área. A atmosfera é entendida como o operador desse sistema e o homem como operando, dessa forma, admite esse sistema como autorregulador. Após a constatação das disfunções no clima urbano do sítio analisado, estas podem ser corrigidas ou modificadas pelos tomadores de decisão, intervindo ou adaptando o espaço urbano da forma que lhes melhor convier.

Reiterando a interação entre o homem e o meio ambiente presente em seus estudos, o autor aponta, por fim, os três canais da percepção humana em relação às nuances do clima urbano. Segundo Monteiro (1976), não se pretende separar o clima e analisar seus componentes isoladamente, mas sim realizar uma aglutinação de elementos que possibilitem a manutenção de dada associação intrínseca com a atmosfera, tratando esses três canais como indissociáveis.

Os três canais da percepção, ou também denominados *subsistemas do clima urbano*, são:

» **termodinâmico**, que trata das questões diretamente ligadas ao conforto térmico;
» **hidrodinâmico**, que aborda as questões ligadas às precipitações e suas consequências;
» **físico-químico**, que trata da temática da qualidade do ar.

O Quadro 1.2, a seguir, mostra de maneira sintética o funcionamento do clima de uma cidade pelo SCU. Iniciando-se pelo *input* (entrada) de energia pelo sol, responsável pela circulação atmosférica regional e pelo aporte de energia líquida no SCU no que o autor denomina *ambiente*.

Na sequência, vemos os locais em que tal energia atuará, denominados *núcleos* e distinguidos pelo autor como espaços geológicos alterados, espaços urbanos adaptados, espaços naturais transformados e dinâmica urbana.

A terceira parte se refere às consequências da ação da energia sobre o ambiente urbano, causando problemas como enchentes, poluição atmosférica e ilhas de calor, entre outros. Esses transtornos são retroalimentados diretamente pela fonte de energia e exportados para o ambiente. São chamados de *nível de resolução*.

Na sequência, são descritos os efeitos dos problemas citados para a população, relacionados principalmente a questões de saúde, denominados *efeitos paralelos*. Por fim, o último quadro, ação planejada, aponta os passos e as ações possíveis para correção dos problemas apontados no Quadro 1.2, de modo que as ações aqui elaboradas serão aplicadas diretamente no quadro dois.

Após a sua proposição, a teoria de Monteiro (1976) passou a ser aplicada em diferentes cidades do Brasil, embasando estudos de clima urbano que se multiplicaram no país a partir da década de 1980.

Quadro 1.2 – Diagrama básico do Sistema Clima Urbano, segundo Monteiro (1976)

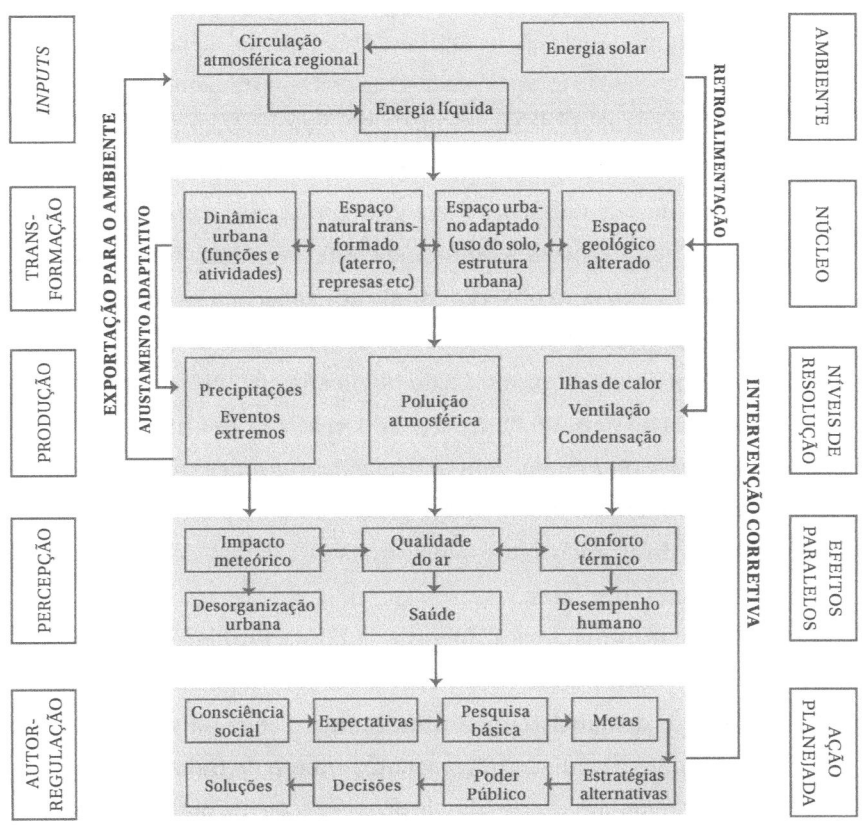

Fonte: Elaborado com base em Monteiro, 1976.

Em levantamento recente, Lima, Pinheiro e Mendonça (2012) compilaram os diversos trabalhos produzidos no Brasil sobre o clima urbano. Segundo esses autores, no intervalo de 2000 a 2010, 137 teses e dissertações foram escritas sob o espectro do clima urbano. Desses trabalhos, cerca de 77 ou 56,2% fizeram uso da teoria de Monteiro sobre esse tema, atestando a importância de tal estudioso para o clima urbano brasileiro. Ainda segundo os autores, os trabalhos contemplaram 57 municípios brasileiros, concentrados, em sua maioria, na Região Sudeste do país, seguido por Nordeste e Sul.

A importância das pesquisas de Monteiro foi deflagrada também por uma edição especial da Revista do Departamento de Geografia da Universidade de São Paulo (USP), reunindo um compilado de artigos escritos por acadêmicos de todo o Brasil homenageando os 40 anos da publicação do livro *Teoria e clima urbano*, em 2016.

Lima, Pinheiro e Mendonça (2012) também fizeram um levantamento para observar quais dos subsistemas propostos por Monteiro (1976) prevalecem nas pesquisas realizadas.

Por essa pesquisa ter sido publicada em 2012, com dados coletados no período de 1990 a 2010, realizou-se uma atualização nesse levantamento, com informações reunidas até o ano de 2017 e seguindo a mesma metodologia dos autores, para observar quais áreas do clima urbano são as mais estudadas, como vemos no Gráfico 1.3, adiante.

Reunindo o levantamento de Lima, Pinheiro e Mendonça (2012) e o atual, foi encontrada uma prevalência dos trabalhos focados no subsistema termodinâmico com 128 obras, ou seja, 80,2%. Verificou-se um crescente número de trabalhos nessa ordem, sobretudo em cidades de pequeno a médio porte. Em seguida, encontram-se trabalhos sob o viés do subsistema hidrodinâmico com 15 publicações e, por fim, o subsistema físico-químico com 12 trabalhos. Esse último com trabalhos aplicados em grandes cidades industriais, principalmente do eixo sul-sudeste do país.

Gráfico 1.3 – Distribuição dos estudos em clima urbano no Brasil por subsistema 1990-2017

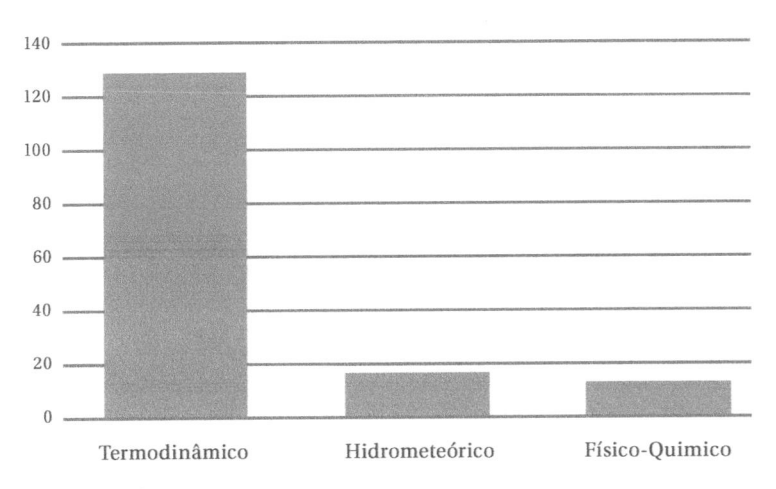

[Gráfico de barras mostrando: Termodinâmico ≈ 130; Hidrometeórico ≈ 18; Físico-Químico ≈ 15]

Fonte: Elaborado com base em Lima, Pinheiro e Mendonça, 2012.

Segundo Lima, Pinheiro e Mendonça (2012), essa diferença deve-se em parte à facilidade técnica/tecnológica para obtenção e tratamento dos dados do subsistema termodinâmico, além das próprias características tropicais do clima brasileiro, que intensificam problemas dessa ordem.

O subsistema físico-químico, por sua vez, apresenta um número menor de trabalhos, dado que a obtenção de informações, tanto primárias quanto secundárias, para embasar tais estudos é mais onerosa, o que dificulta e torna as pesquisas escassas.

Por fim, ressaltamos a importância dos estudos no campo hidrodinâmico, tendo em vista os problemas cada vez mais recorrentes dentro das cidades brasileiras, como: enchentes e deslizamentos de terra causados por chuvas intensas, tradicionais no país, principalmente no verão.

Os autores apontam que, sob o ponto de vista da proposta de Monteiro (1976) acerca da aplicação do SCU, poucos foram os avanços referentes ao auxílio à proposição de políticas públicas, e justamente nesse ponto maiores esforços deveriam ser realizados, pois a manutenção de estudos apenas para fins acadêmicos/científicos faz com que sua proposta inicial não seja de fato contemplada.

1.4 A questão escalar em estudos de clima urbano

Uma das grandes dificuldades observadas nos estudos revisados até aqui se encontra na definição de uma escala, espacial e/ou temporal, para a realização de estudos sobre o clima urbano.

Ao tratar do conceito de escala, logo nos remetemos à escala cartográfica, que relaciona o espaço analisado dentro de um mapa com o real espaço que este representa. Dessa maneira, um mapa com uma escala maior (por exemplo, 1:500) representa uma área mais limitada, todavia, o nível de detalhes será maior. Já um mapa com uma escala menor (por exemplo, 1:10000) é mais abrangente espacialmente falando, todavia, fatalmente seus detalhes serão generalizados e simplificados, diminuindo a apresentação da informação.

Podemos definir *escala* como a "lente" individual que aplicamos ao representar e interpretar fenômenos espaciais da realidade concreta em que vivemos e que tem sua representação mais conhecida na ciência cartográfica, estando presente também em uma série de outras ciências e na nossa concepção pessoal dos fenômenos que estudamos, facilitando sua compreensão (Castelhano; Roseghini, 2016).

Dentro da climatologia, a escala de análise sempre foi alvo de debates. Em nível temporal, o tempo meteorológico se encaixaria como o estado atmosférico imediato e momentâneo, enquanto o clima seria um estado atmosférico médio para um período mais longo, em torno de 30 anos. Tal diferença gera debates entre os pesquisadores, que se questionam até onde o efeito urbano pode ser sentido pelo clima, ou mesmo se as rugosidades do tecido urbano afetariam apenas o tempo meteorológico, e não o clima em si.

Já citamos anteriormente o estudo de Howard em 1831, na cidade de Londres, e a sua afirmação de que, apesar de superior, a temperatura registrada na cidade não refletia o clima londrino. Trata-se de um clássico problema de questão escalar a despeito do clima urbano.

No âmbito espacial, Monteiro (1976) propôs uma classificação detalhada sobre as escalas do clima com base nas proposições de Cailleux e Tricart, na qual sete grandezas são apresentadas em conjunto com suas estratégias de abordagem, a escala cartográfica e os exemplos em espaços urbanos, como podemos observar no Quadro 1.3. Nesse caso, vemos os estudos em clima urbano iniciando-se no que o autor classificou como *clima sub-regional*.

Quadro 1.3 – Categorias escalares do clima e suas articulações com o urbano por Monteiro (1976)

Espaço climático	Dimensões horizontais	Espaço urbano
Zonal	> 100.000 km	–
Regional	Entre 1.000 e 100.000 km	–
Sub-regional (fácies)	Entre 100 e 1.000 km	Megalópole

(continua)

(Quadro 1.3 - conclusão)

Espaço climático	Dimensões horizontais	Espaço urbano
Local	Entre 10 e 100 km	Área metropolitana; metrópole
Mesoclima	Entre 100 m e 10 Km	Cidade grande, bairro ou subúrbio de metrópole
Topoclima	Entre 10 e 100 m	Pequena cidade; bairro/subúrbio de cidade
Microclima	< 10 metros	Setor de habitação; quadra

Fonte: Elaborado com base em Monteiro, 1976.

Uma classificação mais geral e sintética, muito aceita pela comunidade científica internacional, divide o clima em três escalas espaciais distintas, nas quais é possível observar a presença de um macroclima, ou clima zonal, um mesoclima e um microclima, detalhados a seguir e observados na Figura 1.3:

» **Macroclima** – Aborda aspectos de grande escala do clima global, como movimentos atmosféricos, interações entre globo e radiação solar, movimentos de rotação e translação, entre outros aspectos (Ayoade, 1986; Ribeiro, 1993).

» **Mesoclima** – Interação entre energia e feições terrestres, escala de 10 a 100 km, sistema climáticos locais como tempestades, tornados, entre outros (Ribeiro, 1993; Almeida Junior, 2005).

» **Microclima** – Condições climáticas de superfícies menores, entre 10 a 100 m. Trata-se de estudos muito específicos envolvendo diferenças de temperatura, umidade, ventilação entre outros (Ayoade, 1986; Ribeiro, 1993).

Figura 1.3 – Classificação escalar do clima

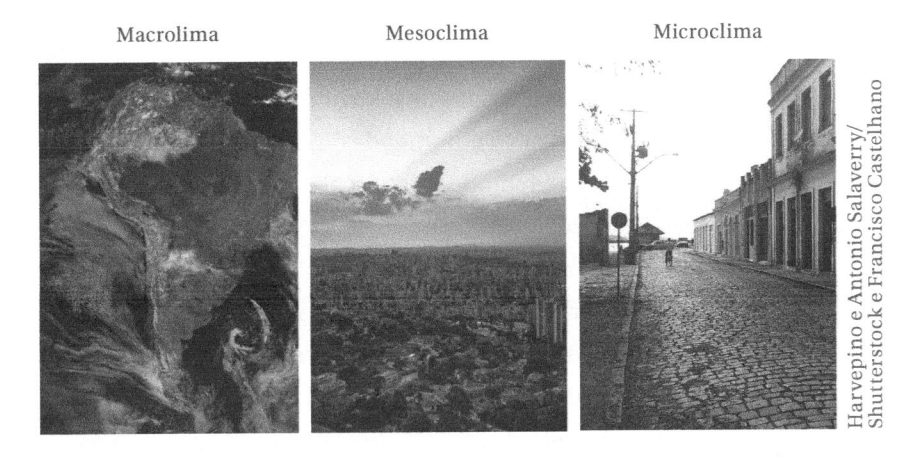

Macrolima   Mesoclima   Microclima

Harvepino e Antonio Salaverry/ Shutterstock e Francisco Castelhano

O clima urbano seria, em seu enfoque inicial, como um mesoclima, podendo estender-se também a análises macroclimáticas e microclimáticas (Ayoade, 1986; Coltri, 2006). Lombardo (1984) aponta que o clima urbano, por abranger um espaço terrestre urbanizado de dimensões locais, é um mesoclima, incluído no macroclima e com vários microclimas locais.

O fato de as maiores interações entre homem e clima sucederem-se em ambientes urbanos, como consequência direta da alteração do uso do solo – o que inclui impermeabilização do solo, verticalização, emissão de poluentes, entre outras ações –, faz, conforme Ribeiro (1993) reafirma, o clima urbano se comportar como um mesoclima. Já Coltri (2006) defende que, na escala macroclimática, observa-se maior interferência do efeito urbano através da emissão de poluentes pela queima de combustíveis fósseis.

Aqui nos remetemos novamente a Oke, que tem a compreensão do clima urbano como algo multiescalar temporal/espacial em suas maiores contribuições (Mills, 2009; Mendonça, 1994). Esse autor caracteriza o clima urbano como um fenômeno tridimensional, em que devem ser definidas as escalas temporais, horizontais e verticais. Os tipos de instrumentos a serem utilizados, a localização e mesmo a quantidade de instrumentos devem ser determinados considerando-se as escalas de análise pretendidas no estudo (Oke, 2004).

As escalas horizontais aplicadas ao clima urbano, propostas por Oke (2004), não se diferem muito das proposições já vistas até aqui. O autor as enumera em *mesoescala, escala local* e *microescala*.

Já a proposta de "camadas" de Oke, ou escalas verticais de análise climática, compreende a cidade por meio de duas escalas distintas: a primeira delas é a *urban boundary layer* (UBL) (camada limite urbana), que apresenta uma atmosfera alterada pelo efeito urbano em mesoescala; a segunda é a *urban canopy layer* (UCL) (camada de cobertura urbana), a qual atesta as alterações em escala micro e intraurbana. Sintetizando, os estudos acerca da UBL abordam o clima urbano em escala meso, enquanto aqueles voltados para a UCL se encaixam nas escalas locais e micro (Oke, 2004).

A Figura 1.4, a seguir, retrata a concepção multiescalar do clima urbano proposta por Oke (2004). A *planetary boundary layer* (PBL) é definida como a região da atmosfera mais próxima à crosta terrestre e na qual a relação da superfície é percebida principalmente pela turbulência dos ventos, pelo calor e pela umidade relativa. A UBL seria o efeito urbano agindo sobre a PBL. Igualmente observa-se, a título de comparação, a *rural boundary layer* (RBL), como o efeito rural sobre a PBL. Em função dos ventos, a UBL pode vir a ser sentida inclusive sobre as áreas rurais (Oke, 1978).

A UCL, por sua vez, é passível de uma análise em escala micro do clima da cidade, consistindo-se no ar contido entre os elementos concretos que formam a cidade e a dotam de sua rugosidade em relação à superfície. É o clima sendo dominado pela natureza de suas imediações mais próximas (Oke, 1976).

Figura 1.4 – Escalas do clima urbano por Tim Oke

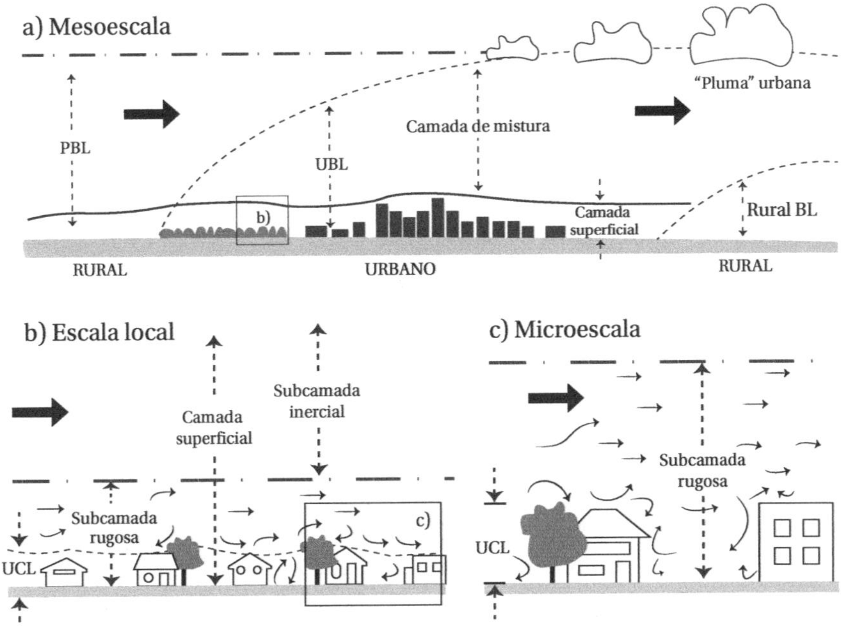

Fonte: Oke, 2006, p. 3, tradução nossa.

Frisamos que a diversidade de escalas espaço-temporais dos estudos climáticos é fundamental para garantir que todas as nuances dos processos envolvendo terra-atmosfera-sociedade possam ser compreendidos da maneira mais detalhada possível. Ambientes complexos como as cidades fazem com que análises multiescalares do fenômeno climático se complementem e garantam uma real representação do efeito urbano no clima.

1.5 A produção do espaço urbano e o clima

> O que é a cidade? [...] Façamos um exercício de pensar a cidade na qual vivemos. Podemos pensar na metrópole paulista. Pelo trajeto de um ônibus cortando a cidade de um lado ao outro – por exemplo do centro para a periferia –, perceberíamos uma paisagem construída. Uma paisagem cinza, onde o verde cede lugar aos prédios, casas, ruas tudo parecendo estar coberto por uma nuvem de poluição. (Carlos, 1992, p. 11)

A pergunta inicial da obra de Ana Fani Carlos (1992) nos propicia uma reflexão sobre o que seria uma cidade no nosso imaginário. Em sua breve descrição, de início é possível notar alguns pontos que poderiam remeter a aspectos do clima urbano, tais como ausência de áreas verdes e a constante poluição. Mais do que apenas construções e mobiliários, Carlos (1992) apresenta fatores metafísicos da cidade, como sentimentos, emoções e, principalmente, relações.

A Figura 1.5 mostra um retrato da região central da cidade de Dhâka, capital de Bangladesh, sudeste asiático. Observando tal imagem, a descrição de Carlos (1992) nos vêm à mente, porém, se fosse possível imaginar um clima nesse pequeno cenário caótico, provavelmente utilizaríamos adjetivos e sensações como: quente, abafado, úmido ou sufocante, consequências diretas da ausência de verde, excesso de veículos, excesso de pessoas, pouca ventilação pelos altos prédios nas faces das ruas, entre outras características.

Se fosse possível estimar a gênese das problemáticas ambientais urbanas, como as mencionadas nessa caracterização, certamente encontraríamos suas raízes no modo de produção industrial do século XVIII. Citamos no início deste capítulo que a cidade, após a Revolução Industrial, tornou-se o palco das mais intensas interações entre o homem e a natureza. Por *natureza* entendemos também a atmosfera e o clima.

Figura 1.5 – Pequeno caos urbano nas ruas centrais de Daka, Bangladesh

Sohel Parvez Haque/Shutterstock

A geografia, como ciência que proporciona recorrentes discussões entre os diversos fatores que formam a paisagem e embasada pela teoria do SCU, tem abordado o clima e os demais problemas ambientais urbanos como um fenômeno multicausal, fundamentada em algumas de suas correntes de pensamento.

O pequeno caos urbano representado na Figura 1.5 é um bom exemplo dessa complexidade, sendo explicado por Harvey (2016) como um fenômeno regido por duas forças contraditórias em relação ao uso da terra: o **valor de troca**, estabelecido pelo mercado imobiliário, e o **valor de uso**, compreendido como a real necessidade da população.

Para o autor, nos processos de produção do espaço urbano nas cidades capitalistas atuais, a balança tende a pender sobretudo para o valor de troca, criando, segundo Guerra (2014), cidades não mais centradas nas reais necessidades humanas. Nesse ponto, é possível tecer compreensões acerca dos muitos problemas ambientais das cidades contemporâneas.

Para Santos (1993), os processos de urbanização, principalmente no terceiro mundo, são regidos pelo interesse de uma minoria corporativa e rica (valores de troca) sobrepondo às necessidades de uma maioria pobre (valores de uso), justificando, assim, as contradições sociais tão facilmente observadas em qualquer cidade de porte médio ou superior do Brasil e qualquer país pobre. A esses processos o autor denomina *urbanização corporativa*.

O Estado tem um papel ímpar na produção do espaço urbano, refletindo diretamente as dinâmicas da sociedade que representa e dispondo de um conjunto de instrumentos legais que poderiam empregar ao espaço (Corrêa, 1995). Mas a lógica apresentada por Santos (1993) acaba tendo seu papel suprimido por esse processo de urbanização corporativa.

Em espaços produzidos segundo essa lógica, as questões ambientais (nas quais encontram-se os problemas ligados ao clima urbano) são comumente deixadas de lado. Enquanto se trata "apenas" de uma necessidade humana, não é difícil encontrarmos ambientes urbanos em que transparece o descaso do poder público com relação a essa questão. Isso nos remete novamente à Figura 1.5, que expressa tanto os conflitos sociais vividos em grandes metrópoles de países periféricos e pobres quanto os conflitos ambientais oriundos da maneira como tais cidades são produzidas na contemporaneidade.

Para Sant'Anna Neto (2001, p. 58):

> O modo de produção capitalista territorializa distintas formas de uso e ocupação do espaço, definidas por uma lógica que não atende aos critérios técnicos do desenvolvimento (ou sociedades) sustentáveis. Assim, o efeito dos tipos de tempo sobre um espaço construído de maneira desigual gera problemas de origem climática também desiguais. A entrada de um sistema atmosférico, como uma frente fria (frente polar atlântica), por exemplo, se espacializa de maneira mais ou menos uniforme num determinado espaço, em escala local. Entretanto, em termos socioeconômicos, este sistema produzirá diferentes efeitos em função da capacidade (ou da possibilidade) que os diversos grupos sociais têm para defender-se de suas ações.

Os fenômenos atmosféricos compreendidos na cidade-alvo de estudo deste livro incluem-se dentro dessa lógica, não apenas como fenômenos físicos e meteorológicos, mas também sociais, econômicos, culturais e, sobretudo, políticos. A consciência da magnitude desse problema e, principalmente, de seus indutores garante o caráter geográfico e a função social de estudos do clima urbano.

Dessa forma, compreendemos o exposto por Monteiro (1976) ao afirmar a necessidade da inserção de estudos climáticos e ambientais nas perspectivas de planejamento urbano. Para o autor, essa seria a ferramenta mais adequada para a criação e a gestão de cidades com ambientes menos degradados. Esse tema será o foco do próximo capítulo.

Síntese

Neste capítulo, vimos a introdução à temática do clima urbano, com a apresentação e a discussão de seus conceitos básicos. O clima urbano pode ser definido como as alterações na atmosfera realizadas pelo chamado *efeito urbano*, cujos grandes indutores foram a Revolução Industrial e os processos de urbanização subsequentes.

Vimos que os primeiros estudos a tratar do efeito do urbano sobre o clima datam do século XIX, quando Luke Howard observou o aumento de temperatura na região central de Londres comparada às áreas rurais que a circundavam.

A partir de então, passou-se a observar um crescimento nos estudos relacionados ao clima urbano, evidenciando cronologicamente nomes como Renou, Kratzer, Sundborg, Myrup e chegando a Oke, um dos maiores teóricos desses estudos atualmente.

No Brasil temos os estudos de Monteiro como precursor da escola brasileira de climatologia urbana, baseando-se, sobretudo, na perspectiva do estudo do clima das cidades. Esse autor compreende esse estudo como um fenômeno sistêmico, que tem na energia solar sua fonte inicial, na qual irá agir e interagir com as diversas faces da cidade, alterando a percepção climática dos citadinos sob o prisma de três aspectos principais: o conforto térmico, as chuvas e a qualidade do ar.

A questão da escala também foi abordada, com especial ênfase na taxonomia das camadas adotada por Oke (2004). O autor aponta duas perspectivas de estudos em clima urbano baseado nas duas camadas verticais da atmosfera urbana, a chamada *urban boundary layer* (UBL) que diz respeito aos efeitos do urbano sobre a atmosfera em escala meso e, a *urban canopy layer* (UCL), que transpassa os efeitos do urbano na atmosfera em escala intraurbana e micro.

A produção do espaço urbano, tratada como indutora do clima urbano, também foi discutida ao fim do capítulo, atestando a necessidade de se transcender o caráter físico de estudos de clima urbano e demonstrando sua relação com as facetas políticas e sociais de uma sociedade, bem como o seu caráter geográfico.

Atividades de autoavaliação

1. Leia a manchete a seguir:

> **Efeito "Cânion Urbano" esfria a Paulista:** estudo indica que, por concentrar corredores de edifícios, avenida canaliza ventos e vira zona de baixa temperatura

Fonte: Balazina, 2005.

A respeito do tema da reportagem, assinale a única alternativa correta:
a) Estudos sobre o efeito de prédios na ventilação são mais adequados sob a perspectiva da *urban boundary layer* (UBL).
b) O problema individual da má circulação de ventos entre prédios não pode ser estudado como parte do clima urbano.
c) A má circulação de ventos em ruas com construções muito próximas é um clássico efeito da produção do espaço urbano no clima em escala micro.
d) A má circulação de ventos entre prédios altera o clima em escala zonal, modificando a circulação atmosférica.

2. Luke Howard é considerado o pai do clima urbano, tendo desenvolvido estudos sobre a relação do clima com a cidade de Londres ainda no século XIX. Indique a alternativa que melhor descreve os estudos desse pesquisador:
   a) Ele analisou o clima das Ilhas Britânicas como um todo.
   b) Descrevendo o clima de Londres, ele mapeou as ilhas de calor na cidade, atribuídas, entre outras razões, ao excesso de veículos na porção central da cidade.
   c) Ele observou o impacto dos altos prédios de Londres na ventilação da cidade tendo como referência o conceito de *smog*, muito utilizado até hoje em estudos de poluição atmosférica.
   d) Ele observou diferenças de temperatura entre porções rurais e a região central de Londres.

3. Sobre a teoria do SCU de Monteiro, assinale V para as afirmativas verdadeiras e F para falsas:
   ( ) O autor parte de uma lógica cartesiana para explicar as causas da alteração climática nas cidades.
   ( ) Sua perspectiva parte do ponto de vista da percepção dos citadinos em relação aos problemas do clima urbano.
   ( ) O autor se embasa na Teoria Geral dos Sistema e no conceito de geossistema.
   ( ) O subcampo termo-químico analisa os efeitos da temperatura na qualidade do ar das cidades e nos citadinos.
   ( ) O subsistema hidrodinâmico ou hidrometeórico analisa os efeitos da precipitação nas cidades.

4. Mendonça (1994) considera as definições de *urban canopy layer* (UCL) e *urban boundary layers* (UBL) a maior contribuição de Oke para estudos do clima urbano. A respeito desses conceitos, assinale a alternativa **incorreta**:
   a) A UCL define-se como a camada mais próxima à superfície urbana, concentrando estudos em escala micro.
   b) Diferenças de temperatura em uma quadra podem ser consideradas como estudos na perspectiva da UCL.
   c) A influência da cidade na *planetary boundary layer* (PBL) gera a chamada UBL.
   d) A *rural boundary layer* (RBL) é o resultado da ação da UCL sobre a UBL.

5. O pressuposto para estudos do clima urbano é a presença de cidades. A maneira como o clima interagirá com a cidade está diretamente ligada à forma como a cidade é produzida. A esse respeito, assinale V para as assertivas verdadeiras e F para falsas:
   ( ) O clima urbano é um fenômeno puramente físico.
   ( ) Política, economia, cultura e sociedade estão diretamente ligados à produção do espaço urbano e, por consequência, ao clima urbano.
   ( ) O Poder Público tem papel-chave na produção do espaço urbano.
   ( ) O efeito da cidade sobre o clima pode ser atenuado com políticas adequadas.

6. Sobre os conceitos de urbanização corporativa de Milton Santos (1993) e de produção do espaço urbano de Harvey, assinale a alternativa correta:
   a) São dois conceitos complementares e que juntos auxiliam na compreensão do processo desigual de produção do espaço urbano em países como o Brasil.
   b) Para Santos (1993), a urbanização corporativa é um processo positivo, pois parte do pressuposto de que as cidades devem ser tratadas como empresas.
   c) O conceito de troca, segundo Harvey (2016), diz respeito à real necessidade da população.
   d) Valores de uso e valores de troca não são conceitos complementares e interligados, sem um não existiria o outro.

Atividades de aprendizagem

Questões para reflexão

1. Os estudos sobre o clima das cidades surgiram no século XIX, na Inglaterra, e desde então observa-se sua expansão tanto em termos espaciais quanto em relação aos detalhes e ao aprofundamento dos estudos, tornando-se uma das principais áreas de estudo das ciências atmosféricas e climáticas. Baseado nisso, explique com suas palavras qual a importância de se desenvolver estudos em clima urbano.

2. A discussão no tópico 1.5 deste capítulo apresentou problemas ligados ao clima urbano, além da ciência física. Com base nessa reflexão, discorra se você também tem um papel como agente indutor de problemas ligados ao clima urbano.

Atividades aplicadas: prática

1. Pensando no bairro em que você mora, enumere e descreva situações que você observa cotidianamente e que possam causar efeitos no clima. Disserte sobre qual escala de estudo entre as apresentadas você considera mais adequada para analisar a situação do seu bairro ante os problemas levantados.

2. Defina o conceito de urbanização corporativa de Milton Santos e busque exemplos em sua cidade ou região em que ele possa ser aplicado.

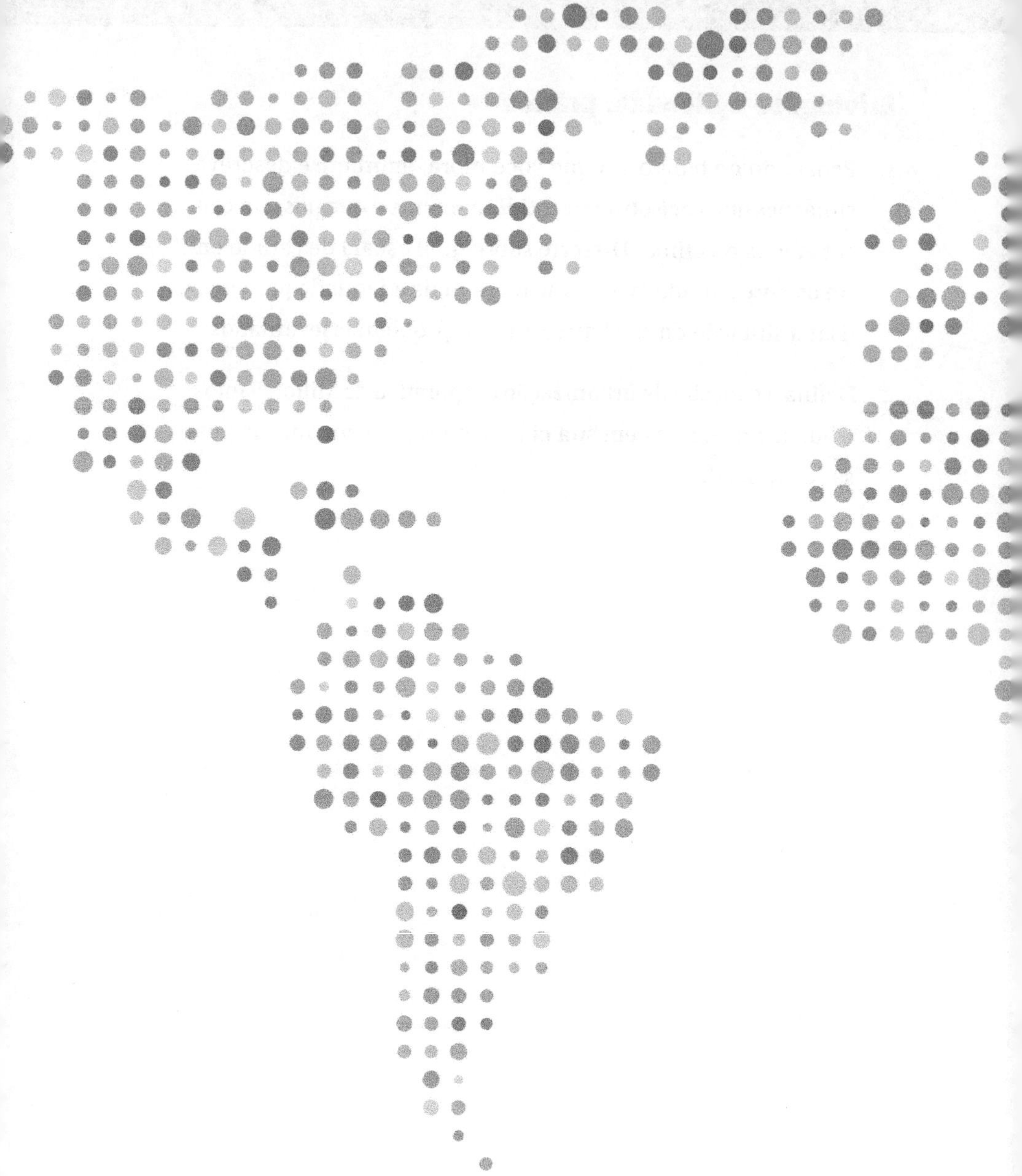

2
Planejamento urbano, feições urbanas e o clima das cidades

Depois da introdução aos conceitos básicos de clima urbano e a fim de compreender sua gênese, damos sequência ao nosso estudo, analisando os aspectos de seu principal indutor: a cidade. Mencionamos no último capítulo a relação entre a produção do espaço urbano e os problemas ligados ao clima urbano. Agora, vamos nos aprofundar mais nessa questão, examinando os aspectos que norteiam o crescimento, a produção de uma cidade e o seu planejamento.

Após a discussão sobre as questões teóricas a respeito do planejamento urbano, vamos tratar sobre as questões físicas ligadas à parte construída e concreta da cidade e suas influências no clima. Por fim, serão apresentados exemplos de práticas de planejamento urbano e seus efeitos na cidade.

2.1 O que é planejar uma cidade?

Ao longo deste livro, em muitos momentos a relação com a ideia de **planejamento urbano** será pontuada, por isso é importante definirmos esse conceito.

O que seria, então, planejar uma cidade? O conceito de planejamento urbano é amplamente utilizado, tanto dentro da perspectiva científica quanto na perspectiva popular, e parece ser, de início, uma ideia de fácil acepção, contudo, é real a sua complexidade. Dessa forma, tentaremos, neste tópico, construir uma resposta utilizando-nos de concepções e exemplos, de modo a evidenciar brevemente a história do urbanismo.

Iniciando a construção desse conceito, seu sentido semântico nos leva a pensar em: projetar, organizar ou programar uma cidade e o seu desenvolvimento com dada **intencionalidade**. Essa intencionalidade responderá à pergunta acerca do objetivo do planejamento ou o que o motiva a ser feito. Meio ambiente, saúde, economia são apenas alguns exemplos que podem ser tratados como objetivos dessa ferramenta sob a *urbe*.

A **urbe**, ou *fenômeno urbano*, é tratada por Lefebvre (1999) como um processo social e explicada pela tríade **forma**, **função** e **estrutura**. Por *forma*, esse autor entende a disposição dos objetos que compõem a cidade no espaço e seria sua face mais concreta e plástica; *função* é a tarefa ou a atividade a ser desempenhada; e *estrutura* é a maneira como os objetos formam a cidade e se inter-relacionam. Esses conceitos são complementares e indissociáveis quando pensamos na totalidade do espaço urbano estudado. Podemos exemplificar esses conceitos da seguinte forma: a caneta possui sua **forma** cilíndrica, alongada e fina; tem como **função** a escrita; e, dentro de um estojo escolar, compõe uma **estrutura** específica.

Admitimos até aqui que o planejamento urbano é o ato de projetar, organizar ou programar uma cidade, agindo sobre suas formas, funções e estruturas com base em determinada intencionalidade.

Vejamos agora alguns exemplos: a forma ortogonal de alguns sítios arqueológicos é tratada como um vestígio da cidade que ali existia e foi, sob certo ponto de vista, construída com uma intencionalidade. Abordando o urbanismo da pré-revolução industrial, Smith (2007) mostra exemplos em que tal lógica é observada. Ao observar as ruínas da civilização hindu de Mohenjo-Daro, como mostra a Figura 2.1, o autor descreve ruas largas e reticuladas e construções retangulares que são os vestígios das primeiras "cidades planejadas".

Pelas imagens, podemos observar a forma dos objetos que compõem a cidade, mas suas funções e estruturas não são claras, tornando a existência da intencionalidade indefinida.

Figura 2.1 – Ruínas de Mohenjo-Daro

Hipódamo de Mileto, que viveu na Grécia Antiga, é tido por muitos estudiosos como um dos primeiros urbanistas do mundo ocidental. Em seu plano de Mileto, mostrado na Figura 2.2, podemos perceber as características do planejamento urbano mencionadas.

O filósofo propôs, no plano da cidade de Mileto, alguns itens comuns para o planejamento das cidades atuais, como o zoneamento entre distintos usos do solo[i] e a diferenciação da largura das vias, em virtude de sua importância para a cidade. Dessa forma, associou não só a forma, mas também a função e a estrutura do espaço produzido (Goitia, 1992).

---

i. O filósofo propôs áreas específicas para residências, comércios, construções militares, ágora e santuários.

Figura 2.2 – Plano urbano de Mileto por Hipódamo

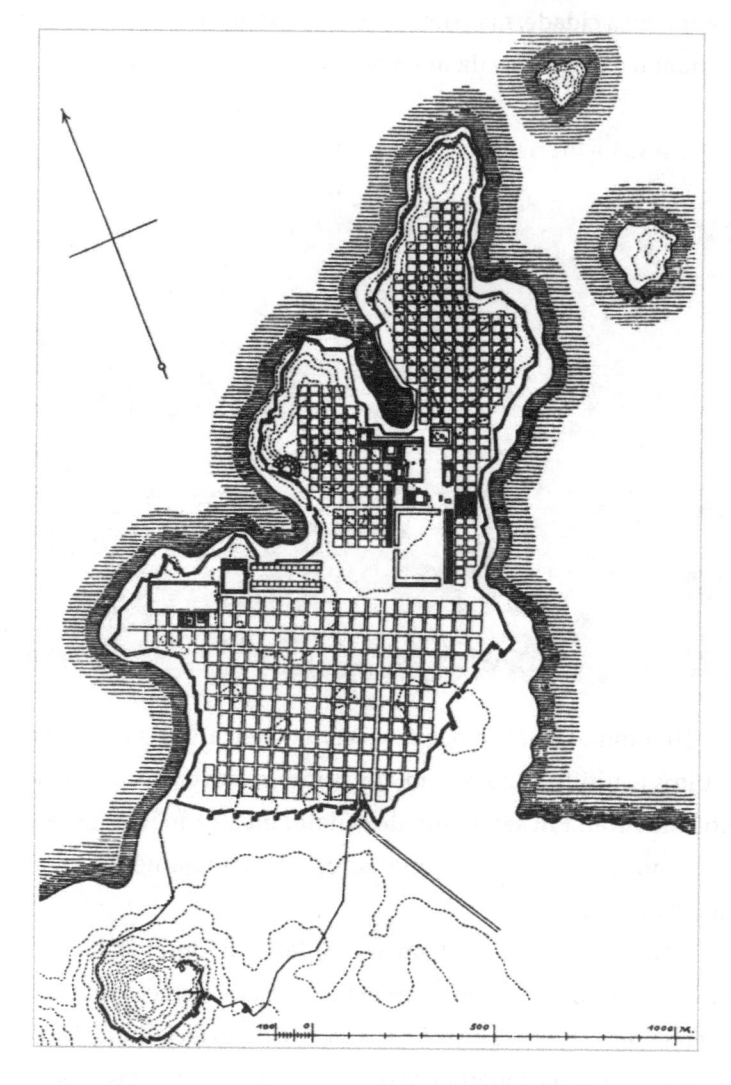

O que podemos observar pelo exemplo de Mileto é que a intencionalidade por trás do planejamento urbano deve agregar inúmeros aspectos físicos, sociais e culturais, levando em conta as atuais e as mais relevantes necessidades dos citadinos, atribuindo funções adequadas às formas projetadas e criando estruturas que possam suprir tais anseios.

Tomemos agora a construção de muralhas nas cidades da Roma Antiga como outro exemplo de análise. Em um primeiro momento, sua forma, estreita e alinhada, impedia a invasão da cidade pelos chamados *povos bárbaros*, atestando sua função militar e mantendo a estrutura da cidade em seu interior.

O Império Romano passou por um longo período de paz, a *Pax Romana*, por isso a função original (militar) das cidades perdeu importância. Assim, a mancha urbana pôde se espraiar para além dos muros, estruturando a cidade de outra maneira.

Se, em um primeiro momento a intenção de um suposto planejamento da cidade romana era garantir sua segurança, durante esse período de paz tal intenção se alterou, modificando também as funções das formas existentes. Posterior a esse período, e com sua forma mantida, a muralha readquiriu a função militar e reestruturou a urbe em seu interior (Harouel, 1985).

O caso de Roma retrata outra característica-chave da cidade e do planejamento urbano, a **dinamicidade**, reflexo da alteração das necessidades dos citadinos ao longo do tempo e que deve fomentar nossa construção conceitual.

A ideia de planejar nos remete à prática do "pensar" detalhadamente antes da concretude, algo que não é comumente visto no planejamento das cidades. Le Corbusier (1971) caracteriza o planejador urbano como um "leitor de situação e explorador do futuro próximo". Metaforizando e evocando esse caráter dinâmico, a ideia de planejar uma cidade seria como trocar um pneu com o carro em movimento, de maneira que ainda seja necessário controlá-lo para que não saia do caminho.

Além das necessidades existentes, precisamos lembrar que as populações crescem e diminuem conforme situações acontecem (guerras, epidemias, políticas de incentivos, fome etc.), seguindo ciclos de difícil previsibilidade.

Analisando outros momentos históricos, observamos, no capítulo anterior, como a Revolução Industrial influenciou diretamente a produção e o crescimento das cidades. No fim dos séculos XVIII e XIX, houve um desordenado crescimento das áreas urbanas, impulsionado pela oferta de emprego aos ex-trabalhadores rurais nas recém-abertas indústrias.

A falta de ordenamento resultou em ambientes insalubres, anti-higiênicos e extremamente problemáticos, clamando por novas ponderações sobre a cidade e o ambiente urbano por parte de gestores e planejadores.

Sobre esse período, Abiko, Almeida e Barreiros (1995, p. 40) dissertam:

> Esta cidade é construída pela iniciativa privada, buscando o máximo lucro e aproveitamento, sem nenhum controle. Surge então a necessidade de uma ação pública, ordenando e propondo soluções que até o momento eram implementadas apenas pelo setor privado, com objetivos individuais, de curto prazo e em escala reduzida.

Esses autores citam as péssimas condições sanitárias de cidades como Londres e Manchester, na Inglaterra, como motivadoras das primeiras leis sanitárias, as quais, por sua vez, previram ações no espaço urbano com a intenção de melhorar a condição de saúde dos moradores. Esses são os primeiros passos do chamado *urbanismo moderno*.

Nesse período, uma característica já mencionada do planejamento urbano passou a ser alvo de reflexão: a intencionalidade.

A projeção, a programação e o desenvolvimento das cidades passaram a ser vistos sob a luz do sanitarismo, tendo como objetivo a extinção das más condições de saúde e higiene da população. Dessa forma, não havia mais a necessidade, por exemplo, da segurança militar ao se planejar a cidade, pois o objetivo principal passou a ser outro.

O caso de Paris do século XIX deve aqui ser mencionado. Em 1853, o imperador Napoleão III indicou o Barão Haussmann como prefeito do antigo departamento do Sena, que incluía os atuais departamentos de Paris, Hauts-de-Seine, Seine-Saint-Denis e Val-de-Marne, com o intuito de transformar a capital francesa em uma cidade que rivalizasse com Londres. Vemos na Figura 2.3 um pouco dessa transformação.

O barão, conhecido como "Artista Demolidor", propôs uma série de reformas físicas na cidade, derrubando, de maneira autoritária, grande parte de sua região central e instituindo vias com novos e modernos traçados e retirando a maioria da população proletária que habitava o centro de Paris.

Suas ações bastante severas, intencionavam, além de melhorias nas condições sanitárias, desestimular a construção de barricadas pelos moradores do centro em suas disputas e revoltas. O novo traçado retilíneo das vias facilitava a remoção dessa prática pelos militares com seus canhões, algo muito difícil nas vias estreitas e tortuosas que existiam até então (Dreiff, 2008). A cidade teve sua forma e estrutura totalmente remodeladas, sob a égide de uma nova intencionalidade.

Ainda sobre a intencionalidade da higiene e do sanitarismo, Pereira Passos, prefeito do Rio de Janeiro, promoveu inúmeras reestruturações nas formas e funções urbanas da região central da cidade, sendo a mais célebre delas na Avenida Rio Branco e arredores, que tiveram inúmeros trechos demolidos para possibilitar a construção de novas e mais amplas vias (Azevedo, 2003).

Observa-se que, em tais exemplos, sobretudo no caso de Paris, a questão da preservação do patrimônio histórico não foi levada em conta no que concerne à intencionalidade do planejamento urbano.

Figura 2.3 – Paris por Haussman: vias retilíneas, arborização e formas homogêneas

Richard A. McGuirk/Shutterstock

Tecendo críticas ao urbanismo dessa época e remetendo-se aos casos citados, Rocha (1995) fala sobre a relação entre o capitalismo e a formação das grandes cidades. Citando o filósofo alemão Engels, o autor aponta que o traçado urbano refletiria, na realidade, os interesses da burguesia e do capital. O sanitarismo entraria como prerrogativa para o realocamento dos pobres e seus cortiços da região central das cidades para as periferias, dada a associação entre insalubridade e pobreza.

Ainda não observamos aqui a presença do meio ambiente como um dos aspectos que sobressaem o planejar da cidade. Segundo Cassilha e Cassilha (2009), a inserção dessa temática nas intencionalidades do planejamento urbano não é muito bem definida em termos de data, sendo sua discussão iniciada globalmente após a Conferência das Nações Unidas sobre o Meio Ambiente Humano (1972), em Estocolmo.

Em 1976, Monteiro atestou a importância do planejamento urbano como uma ferramenta que o geógrafo utilizará na busca da mitigação ou da supressão dos problemas ambientais, entre eles aqueles ligados ao clima urbano.

A expressão *desenvolvimento sustentável* foi cunhada em 1987, aparecendo no relatório "Nosso futuro em comum" como "atender às necessidades do presente sem comprometer a capacidade das gerações futuras de atender suas próprias necessidades" (UN, 1987), clamando pela atenção dos planejadores urbanos para as questões ambientais.

As cidades já existiam em sua concretude e com seus planejamentos, fazendo com que a inserção da temática ambiental no cenário dos planejadores fosse vista como um desafio, algo que ocorre até hoje.

Mendonça et al. (2016), a respeito dos problemas ambientais de várias ordens no ambiente urbano, apontam o planejamento urbano como a ferramenta que agirá para evitar piores repercussões deste sobre os citadinos.

Retomando o conceito aqui construído e com a intenção de demonstrar a importância e a complexidade do planejamento urbano, propomos um exercício. Vamos nos colocar no papel de um planejador urbano: observemos o caso de Ávila, cidade na região de Castilla y Leon, porção centro-oeste da Espanha, mostrada na Figura 2.4. Essa cidade detém em seu interior uma das muralhas mais bem preservadas da Europa, datada do século XI. A questão é que sua função original não é mais necessária em um país globalizado e pacífico como a Espanha. Tal fato, contudo, não implica em sua remoção, pelo contrário, a muralha é um importante símbolo da cidade e do país, movimentando parte da economia do local por meio do turismo, o que garante, assim, a necessidade da preservação de suas formas.

A área amuralhada não permite a expansão física da cidade: novas ruas não podem mais ser traçadas, novos edifícios não podem fugir aos padrões já concretados, tudo para garantir a não deterioração da estrutura do sítio, afinal, além de um patrimônio histórico e cultural, é também o que garante a fonte de renda de muitos moradores. As necessidades atuais dos moradores são bastante diferentes da época da construção da muralha, assim, há de se garantir que os serviços básicos (eletricidade, água, esgoto, internet, telefone, iluminação pública etc.) estejam ao alcance do residente.

Deve-se assegurar a existência de estruturas que atendam aos turistas como boas rodoviárias, estações de trem, transporte público, entre outros. Agregam-se a esses fatos as necessidades básicas do morador da cidade, como saúde, educação, segurança e qualidade ambiental, área em que se encaixa o conteúdo de clima urbano.

Extrapola-se, dessa forma, a cidade para além das muralhas, sua estrutura se altera, bem como seus aspectos histórico e turístico novamente, pois deve-se garantir fácil acessibilidade para o interior das muralhas e sua parte histórica. Não se pode permitir a construção de grandes edificações muito próximas a muralha, pois pode afetar sua estética.

Figura 2.4 – As seculares muralhas de Ávila em contraposição a carros modernos

Francisco Castelhano

   Como, então, garantir que todas essas necessidades citadas estejam incluídas na **intencionalidade** do planejamento urbano de Ávila? Assegurando que saúde, meio ambiente, patrimônio histórico, economia, bem-estar, equidade social, entre outros, estejam devidamente representados na cidade (intencionalidade) e que novos itens importantes também possam ser contemplados, levando em conta projeções de crescimento ou redução da população (dinamicidade) e fazendo com que esta cumpra seu papel adequadamente perante a sociedade por meio de formas, estruturas e funções específicas.

Daí partem duas necessidades prévias ao ato de planejar uma cidade: a primeira é a formação de grupos multidisciplinares com profissionais de diversas áreas, dentre as quais arquitetura, geografia, biologia, sociologia, engenharia; a segunda é a necessidade da participação popular nas discussões sobre a intencionalidade do planejamento urbano.

Rodwin (1967, p. 14), em estudos sobre o planejamento urbano em países em desenvolvimento, já alertava:

> Nada poderá parecer mais presunçoso que a ideia de que um homem ou uma profissão poderá planejar uma cidade ou uma região. Nenhum indivíduo ou profissão realmente o faz, [...]. Indivíduos e, algumas vezes, profissões podem desempenhar papéis preponderantes; mas atividades que retalham sociedades inteiras necessitam de muitas habilidades e exigem-nas.

A complexidade do planejamento urbano de cidades com Ávila torna o diálogo intersaberes e a participação popular elementos cruciais na discussão de qualquer cidade. A partir da presente reflexão, podemos ver as dificuldades por trás do ato de planejar uma cidade.

2.2 As feições de uma cidade e seus resultados no clima

Após estudarmos o conceito do planejamento de uma cidade, vamos discutir e compreender como essa ferramenta pode influenciar, positiva ou negativamente, o clima de uma cidade.

Para Tricart (1977), a participação do homem nos ecossistemas em que vive causa sua modificação, gerando, por consequência, uma série de adaptações nestes. Partindo dessa premissa, Monteiro (1976) trata o clima urbano como resultado das interações entre um fato natural (o clima em escala local) e um fato social (a cidade construída). Os problemas observados nessa temática seriam, portanto, fruto do desequilíbrio entre essas partes.

Partindo dessa premissa, Oliveira (1988) lista sete características-chave da morfologia urbana que atuam no clima. São elas: rugosidade e porosidade do tecido urbano; densidade construída; tamanho; ocupação do solo; orientação; permeabilidade do solo, e propriedades dos materiais.

Rugosidade e **porosidade do tecido urbano** são características que influenciam diretamente a ventilação dos ambientes. A rugosidade urbana é definida pelas diferentes alturas dos edifícios que formam o tecido urbano, o que afeta diretamente a velocidade dos ventos de superfície. Quanto mais heterogênea a superfície, menor a velocidade dos ventos (Corbella; Yannas, 2003). Podemos observar no Gráfico 2.1 as diferentes velocidades médias do vento em diversas alturas do solo em regiões urbanas densas, regiões suburbanas e em planícies.

Gráfico 2.1 – Rugosidade do solo e velocidade relativa dos ventos

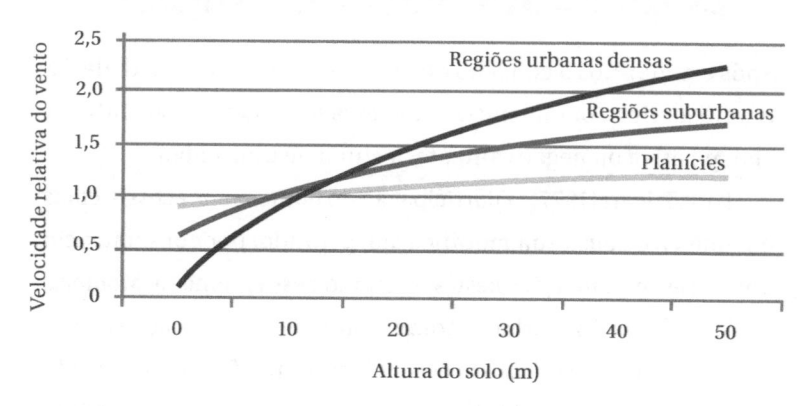

[Gráfico: eixo Y "Velocidade relativa do vento" de 0 a 2,5; eixo X "Altura do solo (m)" de 0 a 50. Três curvas: Regiões urbanas densas, Regiões suburbanas, Planícies.]

Fonte: Elaborado com base em Corbella; Yannas, 2003.

A porosidade, por sua vez, trata da distância entre os edifícios construídos, alterando o fluxo e a direção dos ventos no tecido urbano (Gonçalves; Bode, 2015). Essas características são as responsáveis pela formação dos chamados *cânions urbanos*. A alteração na dinâmica de ventos causada pela rugosidade e pela porosidade impactará principalmente no conforto térmico e na dispersão de poluentes.

Já a **densidade** é apontada por Oliveira (1988) como o número de habitantes em uma área urbana específica. Segundo Miyamoto (2011), as áreas densamente ocupadas e com poucos espaços livres são bastante prejudiciais à qualidade ambiental de um sítio por apresentarem maiores quantidades de superfícies artificiais, o que pode alterar, por exemplo, a **rugosidade** do terreno e outra característica-chave, o **tamanho**.

Esse aspecto se divide entre vertical e horizontal. A dimensão vertical nos remete novamente ao impedimento da circulação de ventos e à alteração no campo térmico das cidades. Além disso, constata-se seu efeito de sombra agindo na temperatura de ambientes. A verticalidade de uma região pode ser expressa pelo *sky view factor* (fator de visibilidade do céu), uma das contribuições de Oke (1982) aos estudos de clima urbano que representa a relação entre o resfriamento das superfícies e a área de céu visível a partir da mesma superfície, como nos mostra a Figura 2.5. A horizontalidade, por sua vez, é o espraiamento/a dissipação e o crescimento da mancha urbana para localidades antes rurais, aumentando o alcance do "efeito cidade" sobre o clima.

Complementando a ideia de tamanho, citamos ainda a **orientação**, apontada por Oliveira (1988) como o posicionamento apropriado da forma urbana ante os caminhos do sol, do vento e de outros elementos naturais.

Figura 2.5 – Verticalização da cidade e *sky view factor*

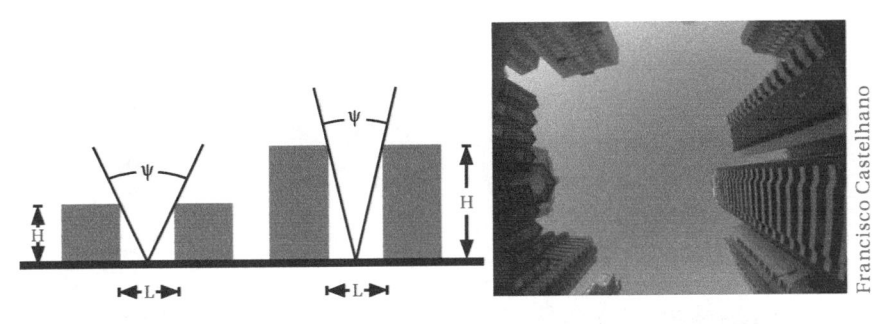

Fonte: Miyamoto, 2011, p. 51.

A **permeabilidade do solo** é uma característica física que influencia diretamente o campo térmico e hidrodinâmico da cidade. No âmbito da temperatura, sabe-se que superfícies recobertas por asfalto e concreto, por exemplo, absorvem e emitem radiação com muito mais facilidade, aumentando e diminuindo os índices de temperatura em um curto período de tempo e prejudicando a absorção pelos solos naturais. A impermeabilização do solo cria problemas também na absorção, na filtragem e no escoamento superficial das águas da chuva, gerando consequências sociais e ambientais, como enchentes e inundações.

Em relação às **propriedades dos materiais** utilizados na construção de cidades, é possível afirmar que algumas apresentam consequências diretas à temperatura. Dependendo do material e de sua coloração, a capacidade de reflexão da radiação do sol se altera, aumentando a temperatura ambiente (Gartland, 2010). Um caso famoso da interferência dos materiais no clima ocorreu em Londres, em 2013. O Walkie Talkie Building, um edifício todo espelhado, mostrado na Figura 2.6, refletiu certa quantidade de radiação diretamente sobre um carro que estava estacionado nas proximidades, resultando no derretimento de algumas partes do automóvel.

Figura 2.6 – Walkie Talkie Building

Lois GoBe/Shutterstock

Por fim, a **ocupação do solo** aborda as diversas funções realizadas pelas construções urbanas e por suas respectivas localizações. Trata, por exemplo, da concentração de indústrias em certa localidade, da presença de vias muito movimentadas, da centralização de funções em uma região específica da cidade, da supressão de áreas verdes e corpos hídricos, entre outras. A forma como o solo é adensado e alterado influencia diretamente a intensificação do clima urbano. Centralidades tendem a apresentar maiores problemas no âmbito da temperatura e da poluição do ar; a supressão de áreas verdes pode causar transtornos no âmbito do sistema hidrodinâmico e assim por diante (Miyamoto, 2011).

A Figura 2.7 ilustra a região central da cidade de São Paulo e compila algumas das características citadas anteriormente. A verticalidade, representada pela altura dos edifícios; a horizontalidade, representada pela perspectiva ao fundo da cidade que se espalha pelo horizonte; a rugosidade e a porosidade, atestadas pelas diferentes alturas e distâncias entre prédios; a densidade e a ocupação dos solos, representadas pela presença maciça de construções; a permeabilidade ou, nesse caso, impermeabilidade, consequência das poucas áreas verdes e corpos d'água, além da presença majoritária da coloração cinza tanto em prédios quanto no asfalto, atestando a homogeneidade dos materiais aqui apresentados.

Figura 2.7 – Região central de São Paulo

Francisco Castelhano

2.3 Cidades planejadas e o clima urbano

Nesta etapa do nosso estudo, já é possível termos uma ideia preliminar do que é o planejamento urbano e de como as formas urbanas influenciam a construção do clima urbano. Observemos agora como o planejamento adaptará formas, funções e estruturas das cidades e, consequentemente, o seu clima, por meio de exemplos práticos.

Falamos anteriormente da ausência do clima enquanto intencionalidade no planejamento de cidades por um longo período. Sua inserção se sucedeu gradativamente, após a popularização de discussões sobre o meio ambiente. Nesse ínterim, muitas cidades que conhecemos hoje já tinham suas formas concretadas, dificultando ações planejadas. Cabe ao planejador, então, **adaptar** a cidade já construída e voltar-se à análise do clima diante desse cenário.

Barbirato, Barbosa e Torres (2012) agregam a essa discussão a importância da compactação ou difusão do crescimento das cidades. As autoras mostram em seu trabalho a contradição entre esses dois modelos de desenvolvimento de cidades. Em um primeiro caso, o resultado seria uma cidade difusa, espraiada e pouco compacta, uma urbe descentralizada.

Essa situação, para muitos especialistas, é tida como o modelo ideal de desenvolvimento de uma cidade que se mantém amigável com o seu clima, contudo, o seu espraiamento poderia alterar demasiadamente grandes áreas naturais. A ideia de compactar e centralizar uma cidade diminuiria esse impacto, contudo, sua região central seria desequilibrada em termos de clima. As autoras propõem, então, um modelo de cidade mista, policêntrica, em que a urbe não se espraiaria e tampouco seria hipercondensada.

Para Nelson, Adger e Brown (2007), as adaptações urbanas no âmbito do clima das cidades consistem em ajustes no planejamento atual ou futuro da cidade, visando reduzir os níveis de vulnerabilidade da população, sendo aplicadas, portanto, aos sete aspectos da morfologia urbana já citados anteriormente.

Um exemplo interessante dessas adaptações pode ser observado em Copenhague, Dinamarca. O bairro de Saint Kjeld, mostrado na Figura 2.8, foi totalmente replanejado visando ser o primeiro bairro climaticamente resiliente[ii] daquele país. Para tanto, uma série de obras e modificações em suas formas foram necessárias, de modo que novas praças, vias, parques, praças e sistemas de drenagem

---

ii. Capacidade de retorno às condições anteriores. No caso apresentado, é o retorno a uma condição natural, de ambiente saudável, livre de poluição.

fossem desenhados, para que a região reagisse melhor aos problemas do clima urbano.

Figura 2.8 – Modelo do bairro de Saint Kjeld em Copenhague

THIRD NATURE

Outra estratégia muito adotada por planejadores para propiciar não só a melhoria no clima urbano, mas também a qualidade de vida dos citadinos, é a renaturalização de rios. Nesse caso, tenciona-se a volta dos meandros ou percursos naturais do rio, protegidos por suas áreas de mata ciliar livres e verdes dentro das cidades como uma estratégia que permite a inserção de áreas verdes e livres nos centros urbanos, melhorando a circulação dos ventos, a absorção de calor e a filtragem da água (Rolo et al., 2017).

O Parque Bishan Ang Mo Kio, em Singapura, passou por uma reestruturação nesse sentido. Seu rio deixou de ser canalizado, abrindo espaço para uma grande área verde na cidade que hoje propicia melhores condições climáticas para o seu entorno (Buurman, 2016). Além da morfologia, modificações na função de alguns elementos urbanos podem proporcionar benesses ao clima de maneiras até mais simples e baratas.

O desestímulo ao uso do carro é uma dessas modificações. É cada vez mais frequente a adoção de políticas públicas cujo objetivo é diminuir ou mesmo impedir o trânsito de veículos motorizados em determinadas áreas da cidade.

Enquanto grande emissor de poluentes e feitor das vias com pavimento asfáltica, tais estratégias são vistas com bons olhos por inúmeros gestores, em função também da simplicidade de aplicação (Topp; Pharoah, 1994).

Grandes cidades europeias – como Bolonha, Londres e Viena, entre várias outras – já adotam esse tipo de prática mediante pedágios urbanos, proibição de carros em determinados locais, limites de velocidade e de áreas com circulação reduzida. Os resultados demonstram uma gama de benefícios a saúde, mas sobretudo os mostram como uma solução simples e amigável a problemas do clima urbano (Ornetzeder et al., 2008; Nieuwenhujsen; Khreis, 2016).

A adoção de tais práticas torna possível uma mudança no próprio comportamento dos citadinos, com estímulo à utilização de transportes públicos e outros meios de menor impacto ao meio ambiente, como as bicicletas.

Recentemente, algumas dessas práticas passaram a ser adotadas em grandes cidades do Brasil, como São Paulo, Curitiba e Rio de Janeiro. Em São Paulo, o planejamento urbano da cidade decretou, já na segunda metade dos anos 1990, a adoção do rodízio de veículos, impossibilitando alguns veículos de circularem em determinados dias da semana. Os efeitos dessa política urbana foram detectados, principalmente, no âmbito da poluição do ar (Martins et al., 2001).

A respeito do grande número de trabalhos e de pesquisas que atestam a relação entre cidade e clima, poucos são os que de fato atestam o clima como um fator relevante para o planejamento das cidades (Eliasson, 2000).

Pesquisando a importância da ciência do clima no planejamento urbano, Eliasson (2000) destaca que o clima em si é, de fato, levado em conta, mas, muitas vezes, sua interação com a cidade é deixada de lado. O autor pontua que os planejadores incluem características locais do clima da cidade, mas não se aprofundam na área específica do clima urbano, demarcando um hiato nos trabalhos.

Em entrevistas realizadas com gestores, Eliasson (2000) aponta que o conforto térmico é um fator sempre lembrado por planejadores, contudo, os próprios planejadores atestaram que os problemas comunicacionais entre distintas áreas do conhecimento estão entre os principais problemas da ausência do clima urbano em suas agendas.

Neste ponto, reiteramos a fala de Monteiro (1976), ao incitar a participação do geógrafo e do estudo do clima urbano como fundamentais no ato de se pensar e planejar as cidades.

Síntese

Buscamos, neste capítulo, elucidar a importância do planejamento para o desenvolvimento das cidades e, principalmente, para o estabelecimento de uma situação climática amigável.

Para esse entendimento, foi necessária a construção primária da ideia de planejamento urbano, definida aqui como o ato de projetar, organizar ou programar uma cidade, com ação sob suas formas, funções e estruturas a partir de determinada intencionalidade e levando em conta que as funções e as intencionalidades podem se alterar ao longo da história, dando um caráter de extremo dinamismo a essa ferramenta.

Na sequência do capítulo, discutimos os efeitos mais diretos da morfologia sobre o clima, atestando as características: rugosidade e porosidade do tecido urbano; densidade construída; tamanho; ocupação do solo; orientação; permeabilidade do solo e propriedades dos materiais, como aquelas sob as quais se manifestam de forma mais direta as relações aqui propostas.

Por fim, após essa discussão de cunho mais teórico, partimos para uma análise de pequenos e grandes exemplos de medidas tomadas no âmbito do planejamento urbano que tiveram como gatilho problemas climáticos, seja em metrópoles em desenvolvimento, como São Paulo, seja em cidades de países desenvolvidos, como Copenhague.

Atividades de autoavaliação

1. (CESPE, 2013) O uso do solo pode ser compreendido como um conjunto de processos de apropriação, produção e reprodução de atividades que uma sociedade desempenha sobre o espaço geográfico e deve ser ordenado territorialmente. A respeito desse tema, assinale a opção correta:
    a) Segundo a regulamentação legal, o parcelamento de solo urbano poderá ocorrer mediante três modalidades: loteamento, agregação e desmembramento.
    b) As áreas de uso comum são constituídas por área institucional, área de arruamento, reserva legal e área verde.
    c) Em áreas urbanas, o parcelamento do solo, para fins de expansão urbana e rural ou de urbanização específica, deverá ser previsto no plano diretor ou em lei municipal.
    d) O uso do solo representa a combinação de um tipo de uso com um tipo de assentamento.
    e) As categorias de uso do solo são reguladas e controladas por meio de leis de zoneamento ecológico-econômico.

2. Observando a relação entre a morfologia das cidades e o clima, Oliveira (1988) aponta sete características-chave do primeiro que influenciam no segundo. Dentre elas **não** se encontra:
   a) Rugosidade do tecido urbano.
   b) Quantidade de veículos que circulam na cidade.
   c) Permeabilidade do solo.
   d) Propriedades dos materiais.

3. A intencionalidade por trás das ações de planejamento urbano é um dos fatores-chave para entender as ações tomadas no âmbito das cidades ao longo dos anos. No fim do século XIX e início do século XX, observou-se a presença de uma lógica sanitarista também aplicada ao planejamento urbano. A esse respeito, assinale a alternativa correta:
   a) A remoção de construções históricas, como as muralhas de Ávila, são exemplos de políticas higienistas.
   b) As reestruturações urbanas realizadas no Rio de Janeiro, promovidas pelo prefeito Pereira Passos, não se enquadram como políticas higienistas, pois seu objetivo era apenas facilitar a mobilidade dos citadinos.
   c) As reformas urbanas em Paris, promovidas pelo Barão Haussmann, são um exemplo clássico de política higienista aplicada ao planejamento urbano de uma grande cidade.
   d) O rodízio de carros em São Paulo surgiu como política apenas com intencionalidade higienista, dado o seu objetivo puro de reduzir as emissões atmosféricas dos veículos.

4. No fim do capítulo, alguns exemplos de cidades planejadas e ações realizadas foram apresentados, visando demonstrar parte da teoria vista até então posta em prática. Um dos exemplos mostrados foi o da renaturalização dos rios. A esse respeito, assinale a alternativa correta:
   a) São processos simples, que envolvem apenas a despoluição dos rios em centros urbanos.
   b) São processos que têm como único objetivo melhor a paisagem cênica das cidades.
   c) São ações complexas, que envolvem a canalização de rios abertos.
   d) São práticas complexas, mas que envolvem uma série de benefícios à cidade, desde o aumento das áreas verdes, a melhoria no escoamento e a filtragem das águas pluviais, além de garantir paisagens mais naturais e belas nas cidades.

5. Das práticas em planejamento urbano voltadas para o clima urbano observadas na última parte do capítulo, algumas já podem ser observadas em cidades do Brasil. Assinale a alternativa que apresenta uma prática já usada por cidades no nosso país:
   a) Rodízio de veículos.
   b) Renaturalização de rios.
   c) Pedágio urbano.
   d) Facilidade de crédito para aquisição de ares-condicionados.

Atividades de aprendizagem

Questões para reflexão

1. O objetivo deste capítulo foi discutir os conceitos de planejamento urbano e suas relações com o clima. Ao longo da primeira parte, buscamos criar um conceito para planejamento urbano por meio de exemplos e conceitos. Com base nisso e após a leitura do capítulo, redija de forma sucinta o que você compreende por *planejamento urbano*.

2. Entendemos *morfologia* como o estudo da forma, da aparência externa de algo concreto. Vimos ao longo do capítulo a importância da morfologia urbana no estudo do clima urbano. Cite e explique com suas palavras as características que compõem a morfologia urbana e sua relação com o clima.

Atividades aplicadas: prática

1. Assista ao documentário *Bikes vs. Cars* e reflita sobre o processo de inchaço das cidades e as problemáticas urbanas, sobretudo o que compete à poluição atmosférica e ao clima urbano.

    BIKE vs CARS. Direção: Fredrik Gertten. Suécia: Maria Farinha Filmes, 2015. 91 min.

2. O documentário *Urbanized* (EUA, Inglaterra, Hustwit, 2011) aborda projetos urbanos traçados para cidades ao redor do mundo, de modo que concepções sobre o planejamento urbano possam ser criadas. Faça uso desse material para tecer argumentos sobre o planejamento urbano.

    URBANIZED. Direção: Gary Hustwit. EUA/Inglaterra, 2011. 85 min.

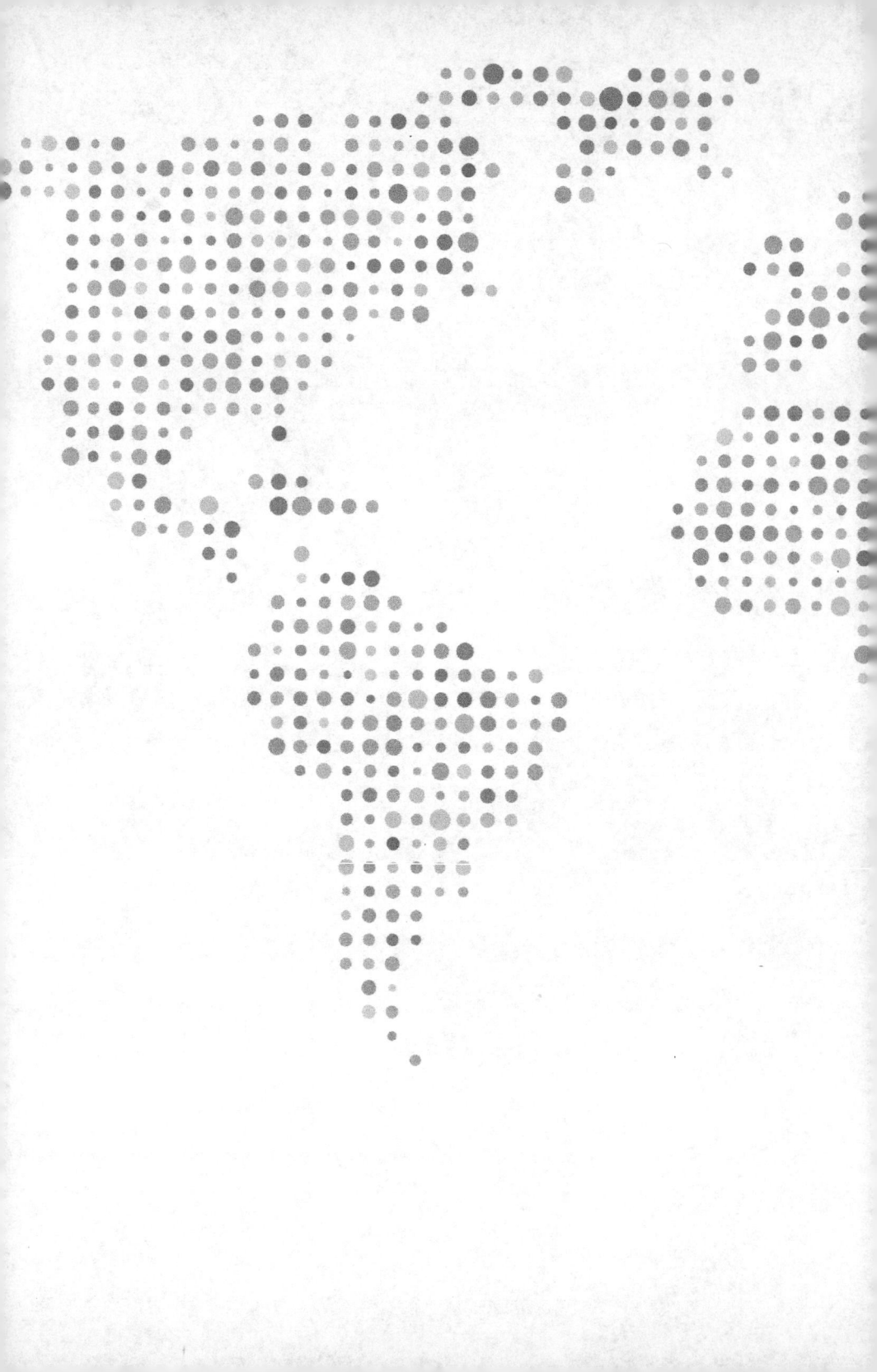

3

Balanço energético, radiação solar e ilhas de calor nas cidades

Iniciamos agora uma discussão mais aplicada e prática a respeito do clima urbano, em que serão apresentadas questões relativas à temperatura e suas devidas repercussões.

Neste capítulo, veremos o fenômeno da ilha de calor urbana, buscando evidenciar sua gênese, seus processos, condicionantes e determinantes, além de métodos para quantificar o fenômeno e sua relação com a saúde humana, atestando a importância da realização de estudos a seu respeito.

Por fim, serão elucidadas questões que competem à mitigação do problema, discutindo práticas possíveis no âmbito do planejamento urbano e que visam contribuir para a diminuição da problemática.

3.1 As feições urbanas e o balanço energético

Enquanto o provedor de energia majoritário para a Terra é o Sol e a sua radiação, os processos climáticos têm neles a sua base para diversos desdobramentos na superfície terrestre.

De acordo com o princípio de conservação de energia, a quantidade total de energia de um sistema tende a permanecer constante, isto é, a energia por si só não pode ser criada ou destruída, apenas transformada, e isso vale para a energia emitida pelo Sol e para a radiação que chega à Terra.

A energia solar, ao adentrar o sistema terrestre, passa por transformações mediante distintos processos, podendo ser **refletida** de volta para o espaço, **absorvida** pela superfície do planeta e/ou **transmitida** para outro corpo.

Quando falamos de *balanço de energia*, ilustrado pela Figura 3.1, referimo-nos, portanto, ao total de energia que entra no nosso sistema terrestre subtraído do total que o deixa, de modo que possamos compreender quanta energia foi absorvida pela superfície terrestre, o que possibilita a compreensão da dinâmica de aquecimento da Troposfera (Gartland, 2010).

Chegam ao topo de nossa atmosfera por volta de 2 cal/cm²/min de energia provinda do Sol. Esse é o montante total de energia que adentra nosso sistema, sendo que consideramos como 100% de energia e sob a qual agirão os demais processos que constituem o balanço energético.

Desses 100%, cerca de 50% não atingem a superfície terrestre diretamente, de modo que 25% são refletidos pelas nuvens e camadas da atmosfera e outros 25% são absorvidos pelos mesmos componentes. Da metade que atinge a superfície terrestre, cerca de 47% são absorvidos diretamente pela superfície e apenas 3% são refletidos de volta ao espaço (Danni-Oliveira; Mendonça, 2007).

Figura 3.1 – Balanço de energia solar na Terra

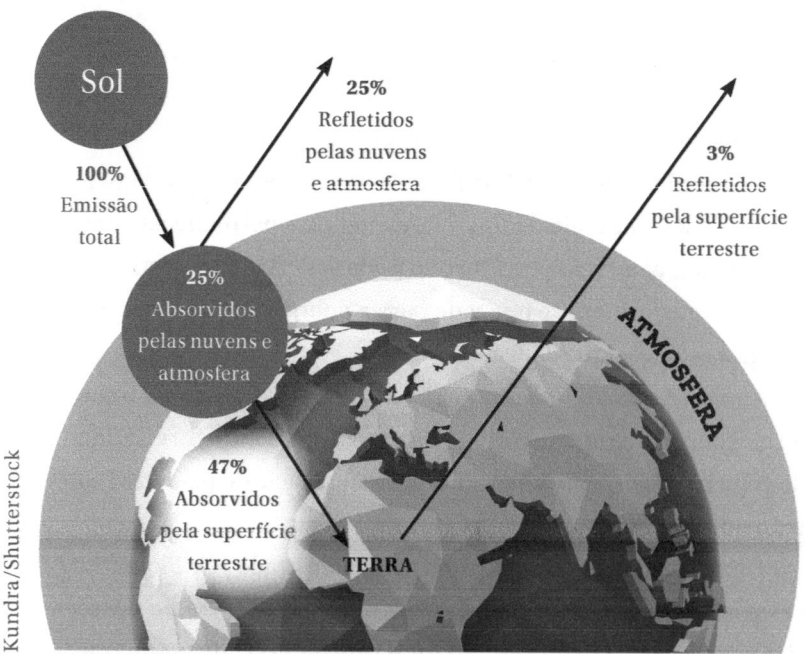

Sol
100% Emissão total
25% Refletidos pelas nuvens e atmosfera
3% Refletidos pela superfície terrestre
25% Absorvidos pelas nuvens e atmosfera
47% Absorvidos pela superfície terrestre
TERRA
ATMOSFERA

Kundra/Shutterstock

O percentual de absorção e refletância da radiação solar sobre a superfície terrestre, todavia, pode se alterar em função dos materiais e das cores de cada corpo específico da superfície terrestre. Aqui é necessário compreender o conceito de **albedo**, que é a capacidade de um corpo refletir a radiação solar por ele recebida. Tal propriedade é mensurada em percentual, de modo que, quanto maior o seu valor, maior a refletância de radiação e menor a absorção de calor, como mostram os exemplos na Figura 3.2.

Sua importância é fundamental na criação do fenômeno das ilhas de calor em cidades. A prevalência de superfícies e corpos com baixo percentual de albedo, como o asfalto das ruas, aumenta os percentuais de absorção de radiação solar nos ambientes urbanos locais e colabora para a manutenção do calor na cidade mesmo durante a noite (Lombardo, 1984; Oke, 1982).

Figura 3.2 – Percentual de albedo

Solo negro e seco
14%

Campos de cultivo seco
20% a 25%

Gramados
15% a 30%

Rua asfaltada
5% a 10%

Vladitto, Dorothy Chiron, Dmitry Polonskiy, MaxyM/Shutterstock

À medida que a cidade evolui e se desenvolve, suas superfícies passam a ser gradativamente alteradas, as áreas verdes são suprimidas e as superfícies com menor percentual de albedo começam a prevalecer, modificando o percentual de energia absorvida e alterando também o balanço energético de regiões da cidade, o que propicia o aumento das temperaturas atmosféricas e da superfície em localidades especificas da urbe.

Neste ponto observamos a relação entre as feições de uma cidade e o uso do solo urbano com a intensidade das ilhas de calor. Analisando tal relação em Singapura, por exemplo, Jusuf et al. (2007) elucidam a relação entre albedo, uso do solo e temperaturas.

Esses autores delimitaram os usos do solo da cidade e observaram que as temperaturas nas regiões próximas a parques e a áreas menos adensadas são invariavelmente inferiores às demais, em função da cobertura do solo. Observou-se maiores temperaturas nas regiões industriais, como consequência da prevalência de solos e telhados de concreto.

Outro aspecto abordado pelos autores nessa pesquisa também diz respeito ao balanço de energia e às feições urbanas que estão sob a influência dos chamados *cânions urbanos*. Os autores atestaram que, durante o dia, as temperaturas das regiões industriais de Singapura eram superiores às das regiões comerciais centrais, contudo, durante a noite tal fato se invertia. Sua justificativa está na presença dos grandes edifícios que, de certa forma, refletem e aprisionam o calor em locais com tais características.

Dessa forma, muita radiação é capturada pelas paredes de edifícios e irradiada de maneira difusa para todas as direções, novamente alterando o balanço energético e contribuindo para o aumento das temperaturas, principalmente durante o período noturno (Gartland, 2010).

Além disso, devemos lembrar que a construção de edifícios e pavimentos asfálticos nas cidades se sobrepõe às áreas livres que ali existiam. A ausência de áreas verdes altera a taxa de absorção da água pelo solo, ocasionando uma baixa taxa de evaporação nos centros urbanos, implicando, por sua vez, na pouca utilização de energia no processo de evaporação, a qual passará a ser utilizada como energia térmica aquecendo o ar, além de fornecer sombras que arrefecem as superfícies urbanas (Magalhães Filho, 2006).

Outro fator ligado à morfologia das cidades e ao balanço de energia e que também afeta as temperaturas é a poluição atmosférica. A presença de poluentes em suspensão reflete a energia oriunda do sol em até 50%, mas, por outro lado, absorve parte da radiação refletida pela superfície da Terra.

Gartland (2010) e Kajino et al (2017) apontam que dias com maior concentração de poluentes tendem a apresentar cerca de 15% mais radiação solar do que dias mais claros e limpos.

3.2 O que é uma ilha de calor?

Discutimos na seção anterior alguns fatores que afetam o balanço energético dos centros urbanos. Em sua morfologia, os cânions urbanos, a poluição do ar, as áreas densamente construídas, os materiais utilizados nas construções e a ausência de arborizações são alguns dos fatores que explicam esse arrefecimento observado prejudicial às cidades.

Tais fatores tendem a se intensificar no centro das cidades, em razão da concentração de serviços, meios de transporte e impermeabilizações, fatores que também contribuem para uma maior emissão de poluentes. Essas regiões centrais normalmente são as mais antigas das cidades, portanto construídas sem a valorização das áreas verdes, dada a ausência de preocupação ambiental na época de suas respectivas construções, algo que também colabora para o aumento da temperatura e da poluição, cunhando a expressão *ilha de calor*.

Explicando de maneira didática, as ilhas de calor são como grandes bolsões de ar aquecido. Dentro deles, a concentração de estruturas (edifícios, automóveis, ausência de vegetação, cânions) é tamanha que causa o aumento da temperatura.

A Figura 3.3 a seguir facilita a compreensão do conceito. Nela, há um exemplo da cidade de Ribeirão Preto, interior do Estado de São Paulo. As temperaturas foram tomadas em um período noturno durante o verão de 2011. Observamos com clareza uma região no mapa em que as temperaturas são mais elevadas (tons amarelos), beirando os 27 °C. À medida que nos afastamos dessa região, as temperaturas reduzem-se gradativamente (tons azuis), até chegarmos a menos de 23 °C.

Figura 3.3 – Ilha de calor na cidade de Ribeirão Preto

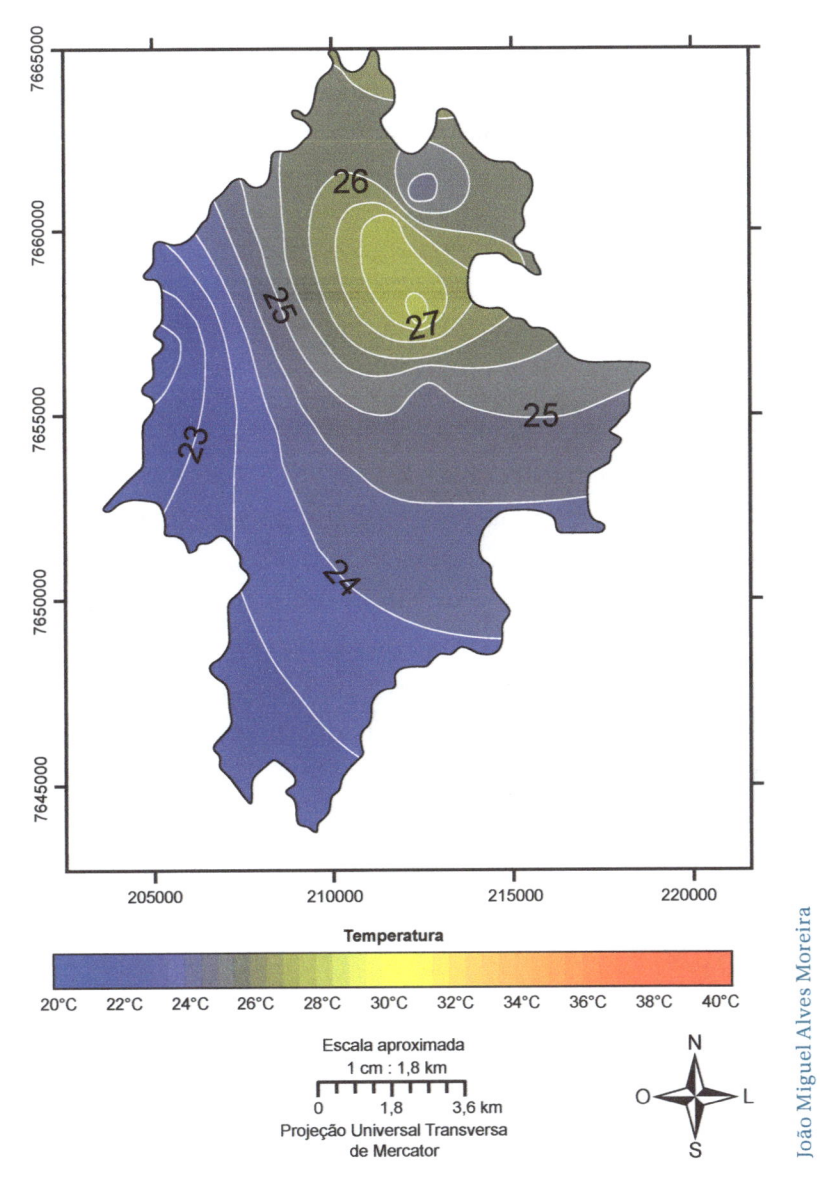

Fonte: Roseghini, 2013, p. 124.

A região com temperaturas mais elevadas situa-se na porção central mais adensada do município e, conforme nos afastamos, observamos que elas decrescem, tornando o centro uma região de altas temperaturas cerceada por localidades com temperaturas mais baixas, como mostra a Figura 3.4.

Gartland (2010) descreve cinco características básicas das ilhas de calor urbana que sintetizam tal fenômeno:

1. A diferença de temperatura entre área urbana e rural se eleva após o pôr do sol;
2. A temperatura do ar tem estreita relação com a temperatura das superfícies que tendem a ser superiores nas cidades;
3. As diferenças de temperaturas são realçadas em dias com pouco vento;
4. Ilhas de calor tornam-se mais intensa em função do crescimento da cidade;
5. Ilhas de Calor criam colunas de ar mais quente sobre as cidades que podem atingir mais de 2.000 m.

Figura 3.4 – Relação entre temperatura e adensamento da cidade

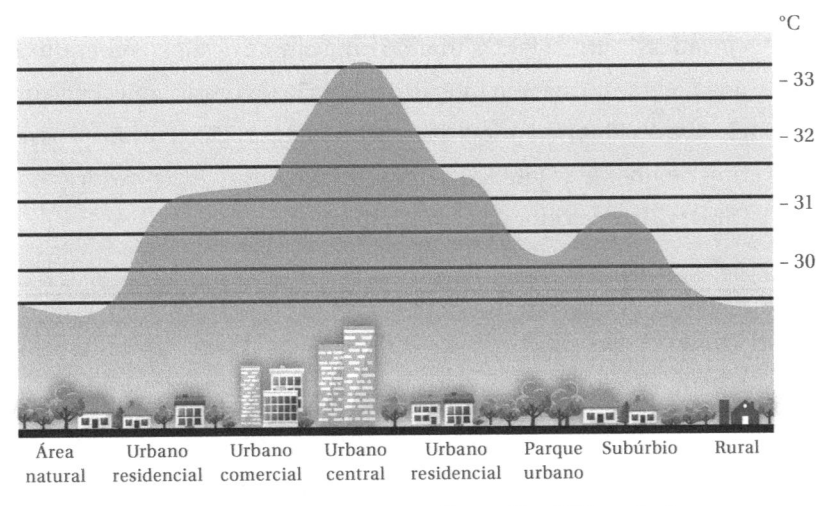

| Área | Urbano | Urbano | Urbano | Urbano | Parque | Subúrbio | Rural |
| natural | residencial | comercial | central | residencial | urbano | | |

Fonte: Oke, 1978, tradução nossa.

No Brasil, diversos estudos envolvem a temática das ilhas de calor em cidades de grande a pequeno porte, entre os quais podemos citar os trabalhos de Lombardo (1984) em São Paulo; de Amorim (2000), em Presidente Prudente; de Brandão (1996), no Rio de Janeiro; de Mendonça (1994), em Londrina; e de Anunciação (2001), em Campo Grande.

Discutindo as questões escalares das ilhas de calor, Oke (1976) as divide em dois tipos, com base em seus conceitos de *urban canopy layer* (camada do dossel urbano) e *urban boundary layer* (camada limite urbana). O primeiro tipo diz respeito ao arrefecimento da cidade em escala micro, como mostra a Figura 3.5b, envolvendo o aumento de temperaturas nas áreas entre edificações, denominadas *canopy layers heat island* (CLHI) (ilha de calor da camada do dossel).

Em mesoescala, como observamos na Figura 3.5a, o autor aponta o aquecimento da atmosfera no entorno da cidade e a altitudes elevadas da atmosfera, situando uma pluma de alta temperatura que pode se formar em função da direção do vento, aquecendo inclusive regiões mais altas da atmosfera nas regiões rurais. A esse tipo de ilha de calor Oke denomina *boundary layer heat island* (BLHI) (ilha de calor da camada limite).

Figura 3.5 – As escalas das ilhas de calor por Oke (1976)

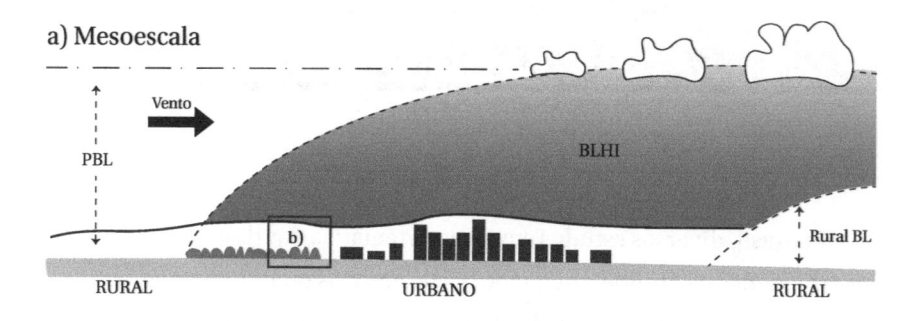

a) Mesoescala

b) Microescala

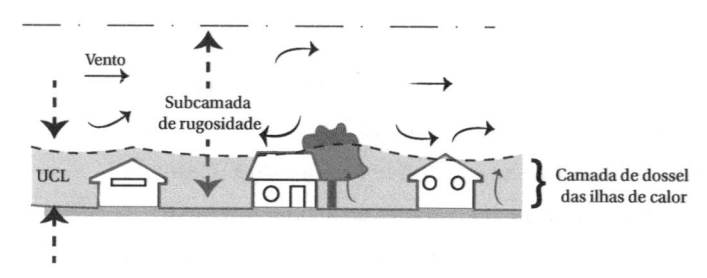

Fonte: Oke, 2006, p. 3, tradução nossa.

Em contrapartida à ilha de calor urbana que se manifesta de maneira mais intensa ao longo da noite, as ilhas de frescor têm sua magnitude demonstradas ao longo do dia. Segundo Yang et al. (2017), cidades adensadas e extremamente verticalizadas tendem a ser propícias para o desenvolvimento das ilhas de frescor urbanas.

Em um estudo realizado em Hong Kong, os autores analisaram localidades urbanas centrais com pouco fluxo de veículos e bem verticalizadas, indicando que a altura dos edifícios e, principalmente, a proximidade entre eles impede a ação da radiação solar sobre as superfícies, criando locais com muita sombra e baixas temperaturas.

A Figura 3.6 é resultado de pesquisas sobre ilhas de calor e frescor na cidade de Okayama no sul do Japão. Durante o dia, em função da presença de áreas verdes e de áreas verticalizadas que sombreavam a superfície, observou-se a formação de ilhas de frescor com uma diferença de até 2,0 °C entre o centro e a área rural (Shigeta; Ohashi; Tsukamoto, 2009).

Durante a noite, contudo, o fenômeno se inverteu, o que ocorre porque a ausência de radiação solar direta faz aumentar a diferença de temperatura entre a área central e a rural em até 3,0 °C, em razão da absorção de energia pela superfície urbana que libera tal energia nesse período.

Figura 3.6 – Ilhas de calor e frescor em Okayama — a) Período noturno (ilha de calor urbano); b) Período diurno (ilha de frescor urbano)

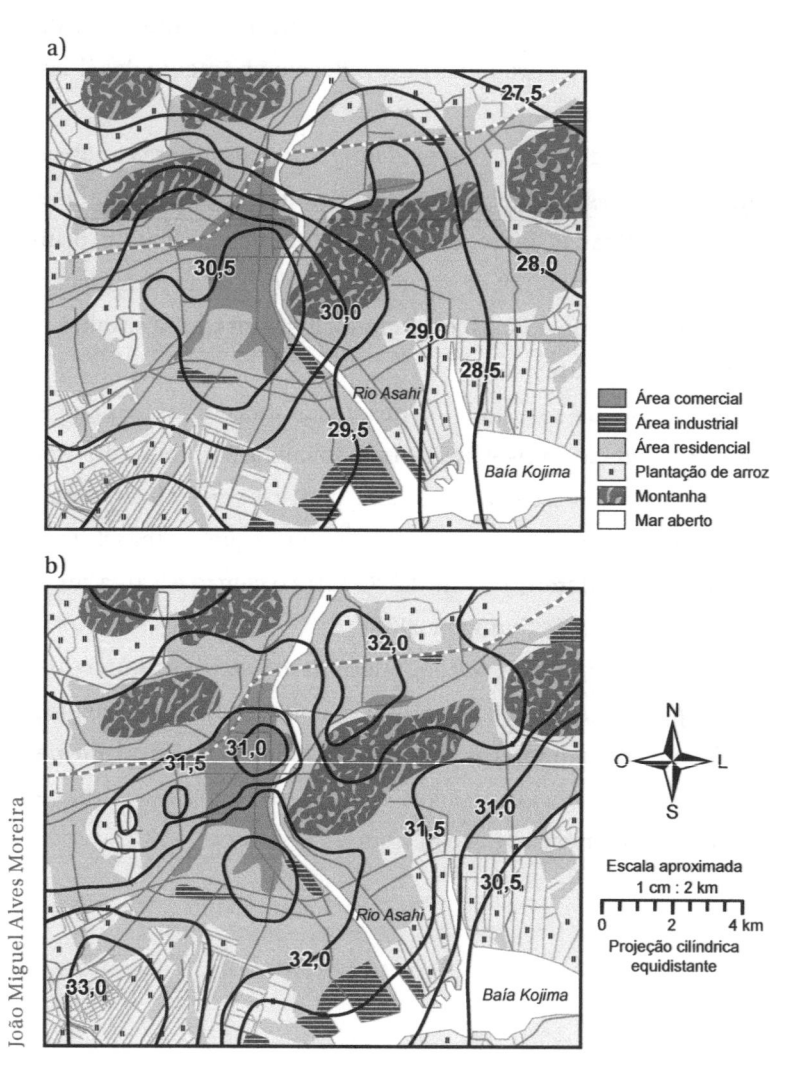

Fonte: Shigeta; Ohashi; Tsukamoto, 2009, tradução nossa.

3.3 Metodologias para medição, espacialização e definição de ilhas de calor

De maneira geral, as ilhas de calor e frescor são diferenças na temperatura de localidades urbanas quando comparadas a regiões rurais, portanto, para a definição mais básica de uma ilha de calor, é necessário examinar os dados coletados em, no mínimo, dois pontos distintos da cidade analisada, de modo que um represente a porção mais densa e urbanizada, e outro, a porção mais rural da cidade.

Para obter tal comparação, podemos recorrer a estações meteorológicas fixas, estações móveis ou a dados gerados por satélites através de imagens térmicas de sensoriamento remoto.

Segundo Gartland (2010), a utilização de estações fixas é o método mais simples e comum para se analisar a diferença de temperaturas em diferentes pontos do tecido urbano. Tal metodologia pode ser utilizada com, no mínimo, duas estações, contudo, a presença de mais pontos de coleta de temperatura aumenta as possibilidades de análise e modelagem da ilha de calor urbana.

É bastante comum em grandes cidades a presença de uma estação meteorológica mantida por algum órgão oficial, na maioria das vezes alocada em uma área mais distante do centro adensado, cabendo ao pesquisador o posicionamento de, no mínimo, uma segunda estação meteorológica para obter a comparação.

Para analisar a intensidade das ilhas de calor, Brandão (1996) propõe quatro grupos baseados na diferença dos registros entre o ponto considerado mais rural e aquele tido como o mais urbano do estudo, apresentados no Quadro 3.1.

Quadro 3.1 – Intensidade das ilhas de calor

Grau de intensidade	Diferença de temperatura
Fraca	0 °C a 2 °C
Moderada	De 2 °C a 4 °C
Forte	De 4 °C a 6 °C
Muito forte	Acima de 6 °C

Fonte: Brandão, 2003.

Faz-se necessário ao pesquisador, portanto, observar com cuidado e critério os locais escolhidos para realizar sua coleta de dados, de modo que cada local possa representar uma realidade urbana distinta. Aqui é necessário um bom conhecimento das características da área de estudo, de forma que outros fatores que influenciam no clima, como relevo e vegetação, sejam considerados na análise final.

Além disso, alguns critérios estabelecidos pela Organização Meteorológica Mundial (OMM, 2011) devem ser levados em conta na coleta dos dados. A estação deve estar a uma altura de 1,5 m, o solo em seu entorno deve ser gramado e deve-se garantir também que o local se mantenha distante de paredes para a melhor circulação de vento.

O termômetro utilizado nessa situação deve ser inserido em um miniabrigo meteorológico, para não ser afetado diretamente por insolação e ventos. Tradicionalmente são utilizados abrigos de madeira pintados de branco. Pensando na mensuração de fatores climáticos em ambientes urbanos, Castelhano e Roseghini (2011) elaboraram um modelo de miniabrigo meteorológico de baixo custo (construído com PVC) e fácil manuseio seguindo as indicações da OMM, garantindo assim a qualidade dos dados coletados.

A Figura 3.7 mostra modelos desse abrigo: na imagem a), consta um abrigo convencional em madeira, e na imagem b), o abrigo de PVC proposto por Castelhano e Roseghini (2011).

No caso das estações fixas, os pesquisadores devem escolher um período específico para a coleta de dados, mantendo-o em todas as estações, reunindo dados durante o mesmo período e na mesma escala. Nesse caso, a coleta de dados horários é a mais adequada, pois garante o detalhamento da evolução do fenômeno; contudo, para uma análise mais simples, dados diários podem ser suficientes.

Se para utilização de estações fixas faz-se necessário mais de um termômetro, a utilização de transectos móveis tem como benefícios a necessidade de utilização de apenas um equipamento, sendo essa uma forma mais econômica e prática de se estudar as ilhas de calor.

Figura 3.7 – Abrigos meteorológicos para mensurar fatores climáticos

NataliAlba/Shutterstock e Francisco Castelhano

Essa técnica implica em percorrer um trajeto predeterminado com um termômetro, registrando as temperaturas ao longo do percurso. Esse deslocamento pode ser feito a pé, de bicicleta (como exemplifica a Figura 3.8) ou em veículos automotores, dependendo das distâncias a serem percorridas.

Lu et al. (2012) mostram um exemplo de estudo acerca do efeito de parques e corpos hídricos na temperatura das cidades. Por meio de transectos realizados a pé na cidade de Chongqing, na China, fazendo percursos de até 500 metros em distintos períodos do dia. As autoras detectaram máxima intensidade da diferença de temperatura no horário das 13h e uma diferença de até 3 °C em um mesmo trajeto.

Para Rajkovich e Larsen (2016), o transecto móvel acoplado a uma bicicleta tem a vantagem de poder percorrer maiores distâncias sem emitir calor e poluição como um carro e, a depender do trajeto, não correr o risco de ser prejudicado pelo trânsito, além de apresentar um baixo custo em relação à utilização de várias estações fixas. Esses autores adaptaram uma bicicleta com aparelhos meteorológicos e percorreram até 50 km em quatro trajetos na cidade de Cuyahoga County, nos Estados Unidos. Na Figura 3.8, observamos as seguintes partes na bicicleta: 1 – GPS; 2 – Termohigrômetro; 3 – Termômetro; 4 – Câmera para *skyview factor*, 5 – Barômetro; 6 – Termômetro de superfície; 7 – Medidor de radiação.

Figura 3.8 – Bicicleta utilizada no transecto móvel de Cuyahoga County, EUA

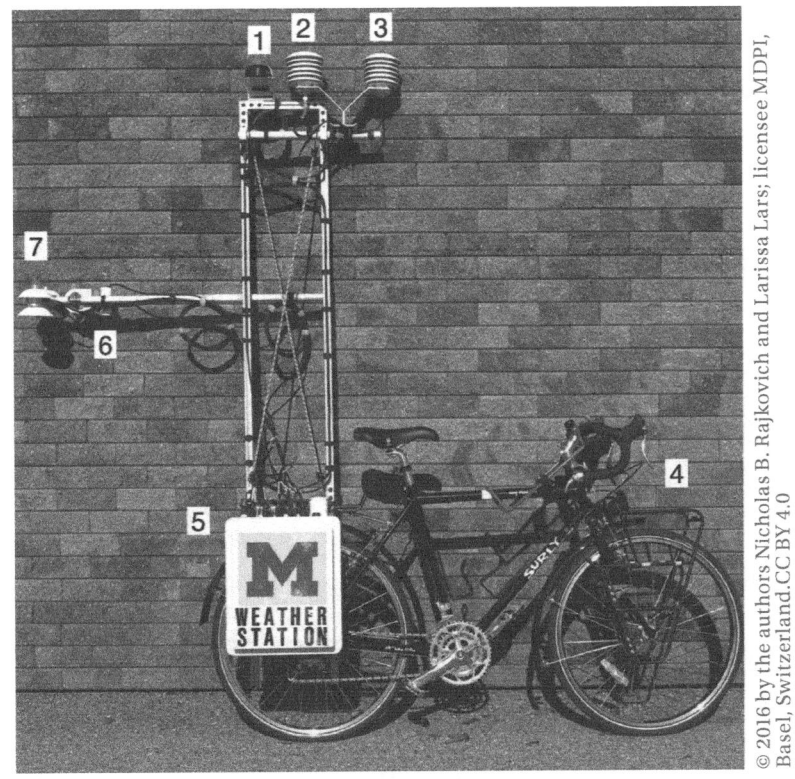

Fonte: Rajkovich; Larsen, 2016.

A medição da temperatura por meio de transectos móveis em veículos automotores requer outros cuidados. Deve-se manter o sensor a uma distância de 1,5 m do solo, de preferência acoplado à lateral do veículo, evitando o calor do motor e as emissões do escapamento. Deve-se optar por realizar os transectos em períodos do dia nos quais as temperaturas não apresentem grandes variações, portanto, após o pôr do sol ou em momentos específicos da tarde (Amorim, 2005).

Soltani e Sharifi (2017) seguem tais recomendações e ainda indicam a posição do sensor: no mínimo 20 cm da lateral do veículo, como mostra a Figura 3.9. Esses autores ressaltam também a preocupação em traçar trajetos que evitem semáforos ou regiões de trânsito muito lento, objetivando manter o veículo a uma velocidade constante.

Figura 3.9 – Sensor acoplado a veículo durante transecto móvel

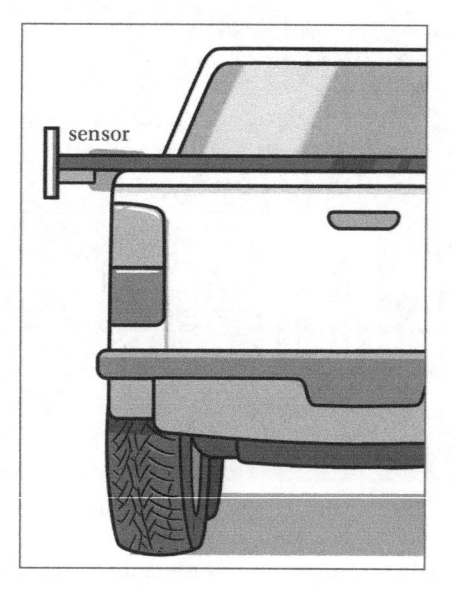

Evandro Marenda

Fonte: Soltani; Sharifi, 2017, p. 533.

Tanto a utilização de termômetros fixos quanto os transectos móveis permitem a modelagem espacial estatística e, consequentemente, o mapeamento das ilhas de calor. Umas das técnicas mais utilizadas para a espacialização desse fenômeno é a *krigagem*, que interpola os dados coletados em distintos pontos gerando valores generalizados de temperatura entre um ponto e outro.

Tal técnica parte do pressuposto de que pontos mais próximos espacialmente tendem a ter valores mais próximos quando relacionados a pontos mais distantes. Sua confiabilidade é limitada, variando de acordo com a quantidade e a dispersão dos pontos coletados.

A simples utilização desse método sem a inserção de outras variáveis geoambientais (relevo, vegetação, solos etc.) pode, muitas vezes, mascarar valores e modelar a extensão das ilhas de calor de maneira inapropriada, sendo recomendável a inserção de variáveis como relevo, cobertura vegetal, uso do solo, densidade demográfica entre outros no modelo final (Alves, 2017).

No âmbito do sensoriamento remoto, a utilização de satélites e sensores específicos está mais acessível. Nesses casos, os sensores conseguem captar a energia refletida e emitida pelas superfícies através da radiação, fornecendo resultados acurados das temperaturas superficiais.

Para Pires e Ferreira Junior (2015), uma das vantagens na utilização de imagens de satélite, por exemplo os Landsat, está na facilidade, na disponibilidade e na amplitude dos dados.

Barros e Lombardo (2016) utilizaram imagens da banda termal do satélite Landsat 5 para identificar ilhas de calor de superfície na cidade de São Paulo, como podemos observar na Figura 3.10. Os autores encontraram intrínsecas relações entre a temperatura e a baixa ou total ausência de vegetação em regiões específicas, destacando a importância de se manter parques urbanos e áreas verdes nas cidades.

Figura 3.10 – Mapeamento da ilha de calor de superfície em São Paulo por imagens do Landsat 5

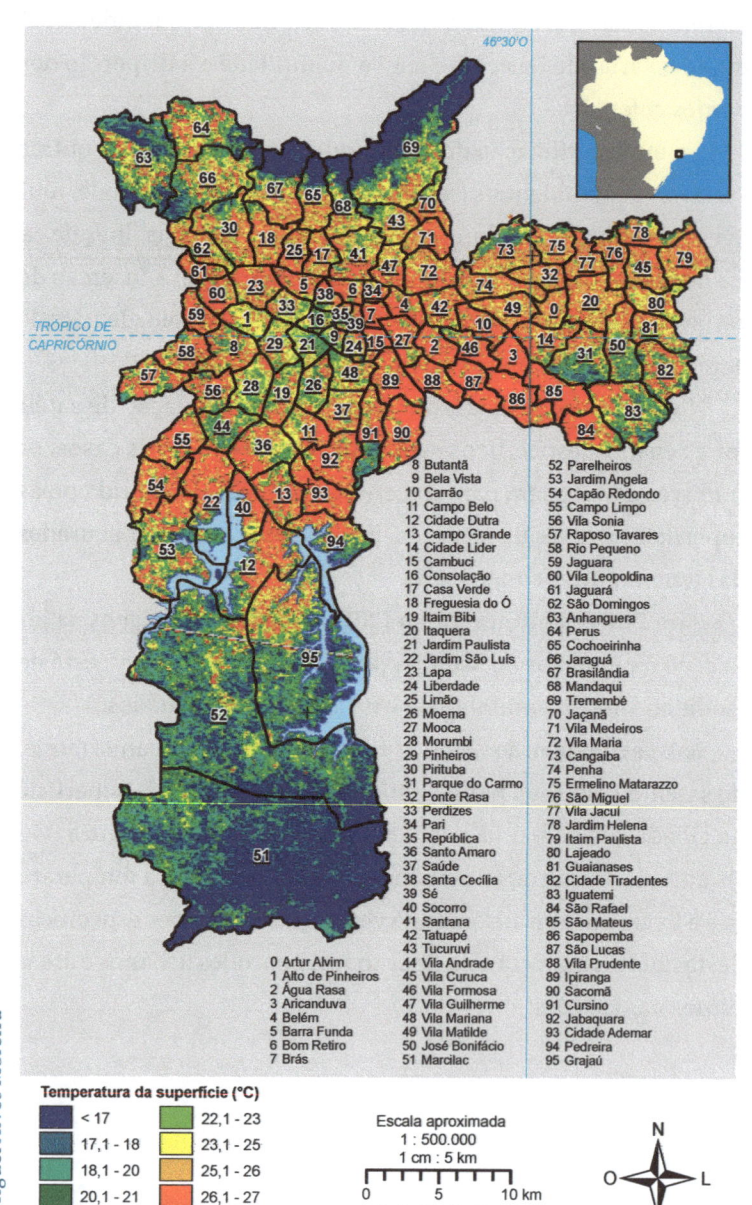

#	Distrito	#	Distrito
0	Artur Alvim	48	Vila Mariana
1	Alto de Pinheiros	49	Vila Matilde
2	Água Rasa	50	José Bonifácio
3	Aricanduva	51	Marcilac
4	Belém	52	Parelheiros
5	Barra Funda	53	Jardim Angela
6	Bom Retiro	54	Capão Redondo
7	Brás	55	Campo Limpo
8	Butantã	56	Vila Sonia
9	Bela Vista	57	Raposo Tavares
10	Carrão	58	Rio Pequeno
11	Campo Belo	59	Jaguara
12	Cidade Dutra	60	Vila Leopoldina
13	Campo Grande	61	Jaguará
14	Cidade Lider	62	São Domingos
15	Cambuci	63	Anhanguera
16	Consolação	64	Perus
17	Casa Verde	65	Cochoeirinha
18	Freguesia do Ó	66	Jaraguá
19	Itaim Bibi	67	Brasilândia
20	Itaquera	68	Mandaqui
21	Jardim Paulista	69	Tremembé
22	Jardim São Luís	70	Jaçanã
23	Lapa	71	Vila Medeiros
24	Liberdade	72	Vila Maria
25	Limão	73	Cangaiba
26	Moema	74	Penha
27	Mooca	75	Ermelino Matarazzo
28	Morumbi	76	São Miguel
29	Pinheiros	77	Vila Jacui
30	Pirituba	78	Jardim Helena
31	Parque do Carmo	79	Itaim Paulista
32	Ponte Rasa	80	Lajeado
33	Perdizes	81	Guaianases
34	Pari	82	Cidade Tiradentes
35	República	83	Iguatemi
36	Santo Amaro	84	São Rafael
37	Saúde	85	São Mateus
38	Santa Cecília	86	Sapopemba
39	Sé	87	São Lucas
40	Socorro	88	Vila Prudente
41	Santana	89	Ipiranga
42	Tatuapé	90	Sacomã
43	Tucuruvi	91	Cursino
44	Vila Andrade	92	Jabaquara
45	Vila Curuca	93	Cidade Ademar
46	Vila Formosa	94	Pedreira
47	Vila Guilherme	95	Grajaú

Temperatura da superfície (°C):
- < 17
- 17,1 - 18
- 18,1 - 20
- 20,1 - 21
- 21,1 - 22
- 22,1 - 23
- 23,1 - 25
- 25,1 - 26
- 26,1 - 27
- > 27,1
- Distritos
- Corpos de água

Escala aproximada
1 : 500.000
1 cm : 5 km
0 — 5 — 10 km
Projeção cilíndrica equidistante

João Miguel Alves Moreira

Fonte: Barros; Lombardo, 2016, p. 168.

3.4 Conforto térmico e saúde humana

No âmbito dos estudos sobre as ilhas de calor, encontramos nas pesquisas voltadas ao conforto térmico uma ligação mais direta entre esse fenômeno urbano e a saúde humana.

Para definir conforto térmico citamos Gobo (2013, p. 14):

> O conforto térmico em um determinado ambiente pode ser definido como a sensação de bem-estar experimentada por uma pessoa como resultado da combinação satisfatória, nesse ambiente, da temperatura radiante média (TRM), umidade relativa (UR), temperatura ambiente (TA) e velocidade relativa do ar (VR) com a atividade lá desenvolvida e com a vestimenta utilizada pelas pessoas.

O autor aponta que o conforto térmico pode ser considerado ainda sob o ponto de vista pessoal e sob o enfoque ambiental. Na primeira análise, vai se verificar o quanto tal pessoa encontra-se ou não em estado de conforto em relação à temperatura. Já no segundo enfoque, fala-se sobre o quão confortável o espaço encontra-se em relação a essa variável, de um lado, portanto, estudos mais individuais e fisiológicos e de outro, mais coletivos e geográficos. De maneira geral, falamos de um equilíbrio energético entre o corpo humano individual e o seu entorno.

À medida que o ambiente no entorno do ser humano se urbaniza e se torna complexo, acontecem alterações nos aspectos meteorológicos ligados ao conforto térmico, citados por Gobo (2013) (temperatura radiante média, umidade relativa do ar, temperatura ambiente e velocidade do ar). Verticalização, poluição do ar, impermeabilização do solo, ausência de áreas verdes livres e soterramento de rios são algumas das características comuns em cidades que alteram indiretamente os níveis de conforto térmico em ambientes urbanos.

As mudanças podem, por um lado, aumentar o conforto térmico como quando mencionamos os efeitos das ilhas de frescor, mas também agravá-las, resultando em consequências diretas para a saúde humana.

No sentido de compreender melhor os efeitos do conforto térmico no ser humano, Givoni e Berner-Nir (1967) propõem um índice de estresse térmico, baseado em modelos biofísicos que levam em conta vestimentas, sudorese, taxa de metabolismo e fatores térmicos para estabelecer as condições de confortável a extremamente desconfortável em relação à capacidade adaptativa do organismo humano.

A gama de consequências que resultam da falta de conforto térmico no âmbito da saúde é variada, abrangendo desde problemas leves, como câimbras, problemas cutâneos, cansaço, insolações, problemas circulatórios e cardíacos, e podendo levar o indivíduo à morte (Araujo, 2012; Gobo, 2013).

Por meio de estudos em Xangai, Tan et al. (2010) alegam que as condições urbanas da cidade, geradoras de ilhas de calor, potencializaram também as ondas de calor, tanto temporalmente quanto espacialmente no verão de 2007, causando um número muito maior de internações por problemas de saúde ligados ao calor. Essa situação de extremo desconforto levou várias pessoas a dormirem nas ruas, buscando ambientes mais arejados durante a noite.

Em estudos sobre conforto térmico e vulnerabilidade social no aglomerado urbano de Curitiba em situações de inverno, Dumke

(2007) aponta as regiões periféricas da cidade como as que mais sofrem com tal problema. Segundo a autora, os problemas ligados ao conforto térmico encontram-se conectados a temperaturas baixas e à grande amplitude térmica, e não necessariamente ao calor excessivo, como no caso de Xangai.

Estudos de Krüger (2015) verificaram o conforto térmico interno em habitações de interesse social, questionando o papel benéfico da ilha de calor no sentido de melhorar o conforto térmico das populações que ali habitam.

3.5 Mitigando ilhas de calor

Na sequência, observaremos algumas ações que podem mitigar o fenômeno das ilhas de calor nas cidades. Agora que sabemos o que são, como se formam, como investigá-las e alguns de seus efeitos, sua solução nos parece mais simples.

Se as ilhas de calor surgem em razão das alterações no balanço de energia nas regiões urbanizadas, sua solução deve partir da premissa de que, ao reequilibrar o balanço de energia, o efeito será suavizado. De acordo com Gartland (2010), a mitigação de ilhas de calor tem como benefícios não só a redução das temperaturas, mas também a economia de energia pela redução de utilização de sistemas artificiais de arrefecimento, melhorias na saúde humana pelo melhor conforto térmico, melhorias na qualidade do ar tendo em vista que a utilização de menos energia implica na diminuição de emissões, e a redução de enchentes e de alagamento pela menor drenagem dos solos e conservação das matas. Essa autora sinaliza ao menos três maneiras de mitigar ilhas de calor: alterações na cobertura de edifícios, troca de materiais que compõem os pavimentos e arborização e manutenção de áreas verdes.

No que tange às coberturas, a criação de tetos verdes para os edifícios vem se popularizando como um método para frear a elevação das temperaturas em cidades, como observamos na Figura 3.11. São diversos os benefícios para os citadinos: a praticidade, o baixo custo, o incentivo ao cultivo de diversas culturas, a saúde fisiológica e mental – considerando o bem-estar psicológico pelo contato com a natureza –, a alimentação, o lazer etc.

Berardi, Ghaffarianhoseini e Ghaffarianhoseini (2014) apresentam outras consequências positivas para a utilização de tetos verdes, como: economia de energia oriunda de ar-condicionado, diminuição da temperatura, redução da amplitude térmica diária, retenção de poluentes, melhoria no uso de águas das chuvas, abafamento da poluição sonora e aumento da biodiversidade urbana.

Em estudo realizado na costa leste dos EUA, Li, Bou-Zeid e Oppenheimer (2014) estimaram que ao menos 30% das coberturas dos edifícios da Região Metropolitana de Baltimore a Washington deveria ser alterada para que a temperatura de superfície média da região se reduzisse em 1 °C.

Figura 3.11 – Habitações com tetos verdes – Sydney, Austrália

O processo de troca de pavimentos é semelhante ao dos tetos verdes, contudo, deve-se considerar a necessidade do trânsito de veículos, o que impede a utilização de certos pavimentos. Para Gartland (2010), existem duas formas básicas de um pavimento tornar-se um agente mitigador de ilhas de calor: ou se aumenta sua refletância de radiação e, por consequência, diminui-se sua absorção de calor; ou possibilita-se um incremento em suas taxas de armazenamento e evaporação de água.

Qin (2015) aponta a importância de buscar pavimentos com albedo menor que o do asfalto. A substituição dos derivados de petróleo pelo concreto é um exemplo dado pelo autor como alternativa para a diminuição das temperaturas. Ações como a citada por Qin (2015) já vêm sendo adotadas em diversas cidades do mundo.

Akbari e Matthews (2012) indicam que tal substituição pode aumentar o albedo em até 0,2, uma alteração bastante significativa e que diminuiria a absorção de energia e, por consequência, a temperatura atmosférica.

As áreas verdes livres são outra forma de reduzir as temperaturas das cidades. A manutenção de áreas assim garante, entre outros benefícios, a absorção de água, menor absorção de energia, livre circulação de ventos, sombreamentos, além de auxiliar a melhorar a qualidade do ar e evitar enchentes e alagamentos.

Modelando o cenário urbano de Nagoia, no Japão, Onishi et al. (2010) buscaram estudar um cenário hipotético, em que as áreas ocupadas por estacionamentos particulares fossem substituídas por áreas verdes, e, depois, analisaram seus efeitos na ilha de calor da cidade. Os resultados revelaram possíveis diminuições na temperatura na ordem de 0,3 °C a 0,5 °C, dependendo do cenário e do tipo de vegetação.

Em um levantamento feito por Gartland (2010), estudos indicaram reduções de até 17 °C no interior de edifícios que passaram a contar com a presença de jardins verticais. Verificou-se, assim, que são possíveis alternativas para a diminuição das temperaturas nos centros urbanos e fornecendo qualidade ambiental e de vida às populações.

Síntese

As modificações no uso e na cobertura do solo observados em cidades alteram significativamente o balanço de energia desses locais, configurando aumentos sistemáticos na temperatura.

A pavimentação asfáltica, o adensamento e a verticalização de construções, o excesso de veículos e a ausência de áreas verdes são fatores que tornam as áreas mais densamente urbanas e com problemas em seu planejamento urbano, tornando-se, consequentemente, mais quentes em relação às regiões rurais em seu entorno.

A intensidade da ilha de calor pode ser mensurada via imagens de satélite ou mediante a coleta de dados em superfície por meio de abrigos meteorológicos fixos ou móveis.

Pesquisas visando à mitigação do arrefecimento dos centros urbanos vêm sendo realizadas no mundo inteiro, com destaque para trabalhos que buscam alterar a coloração de pavimentos e coberturas ou que permitam também a maior absorção de água pelo solo, práticas que poderiam também diminuir as temperaturas.

Outras práticas, como a criação áreas verdes verticais e horizontais, também vêm sendo apontadas como altamente eficazes no arrefecimento dos centros urbanos e devem ser melhor pesquisadas como medidas mitigatórias ao problema relacionado ao clima urbano.

Atividades de autoavaliação

1. Vimos ao longo deste capítulo algumas técnicas para mensurar as ilhas de calor urbanas. Aponte a alternativa **incorreta** entre os métodos vistos:
    a) Transectos móveis.
    b) Percepção dos cidadãos.
    c) Termômetros fixos.
    d) Imagens de satélite.

2. Dentre os motivos que levam à formação de ilhas de calor nas cidades, aponte a alternativa **incorreta**:
    a) Pavimentos com baixo percentual de albedo.
    b) Ausência de áreas verdes.
    c) Hiperdensificação de construções que alteram a dinâmica da radiação e dos ventos.
    d) Fluxo constante de veículos emitindo poluentes e dióxido de carbono.

3. As ilhas de calor são fenômenos físicos observados nas grandes aglomerações urbanas e relacionados principalmente à densidade de construções. Nas cidades, as ilhas de calor são mais frequentemente sentidas em regiões:
    a) periféricas.
    b) centrais.
    c) próximas a parques ambientais.
    d) localizadas às margens de rios.

4. Apesar de problemático, o fenômeno das ilhas de calor pode ser mitigado ou reduzido por meio de pequenas alterações pontuais na paisagem urbana. Assinale a alternativa que **não** corresponde a uma ação para redução desse fenômeno:
   a) Substituição de asfalto por concreto.
   b) Criação de tetos verdes.
   c) Demolição de edifícios antigos das regiões centrais das cidades.
   d) Arborização de vias e calçadas.

5. Definimos, ao longo deste capítulo, o conceito de conforto térmico como a sensação de bem-estar experimentada por alguém como resultado da combinação satisfatória de algumas variáveis meteorológicas. **Não** faz parte dessas variáveis:
   a) temperatura.
   b) velocidade do vento.
   c) umidade relativa do ar.
   d) pressão atmosférica.

Atividades de aprendizagem

Questão para reflexão

1. Apresentado como fator-chave para entender os fenômenos das ilhas de calor e de frescor nas cidades, o balanço energético pode auxiliar na manutenção de problemas ligados ao conforto térmico. A esse respeito, explique como funciona o balanço energético.

Atividade aplicada: prática

1. Faça um pequeno experimento em seus trajetos diários dentro. Observe se você consegue perceber as diferenças termais entre as porções centrais da cidade e as periféricas. Que medidas você crê que podem ser tomadas em sua região para atenuar tais percepções?

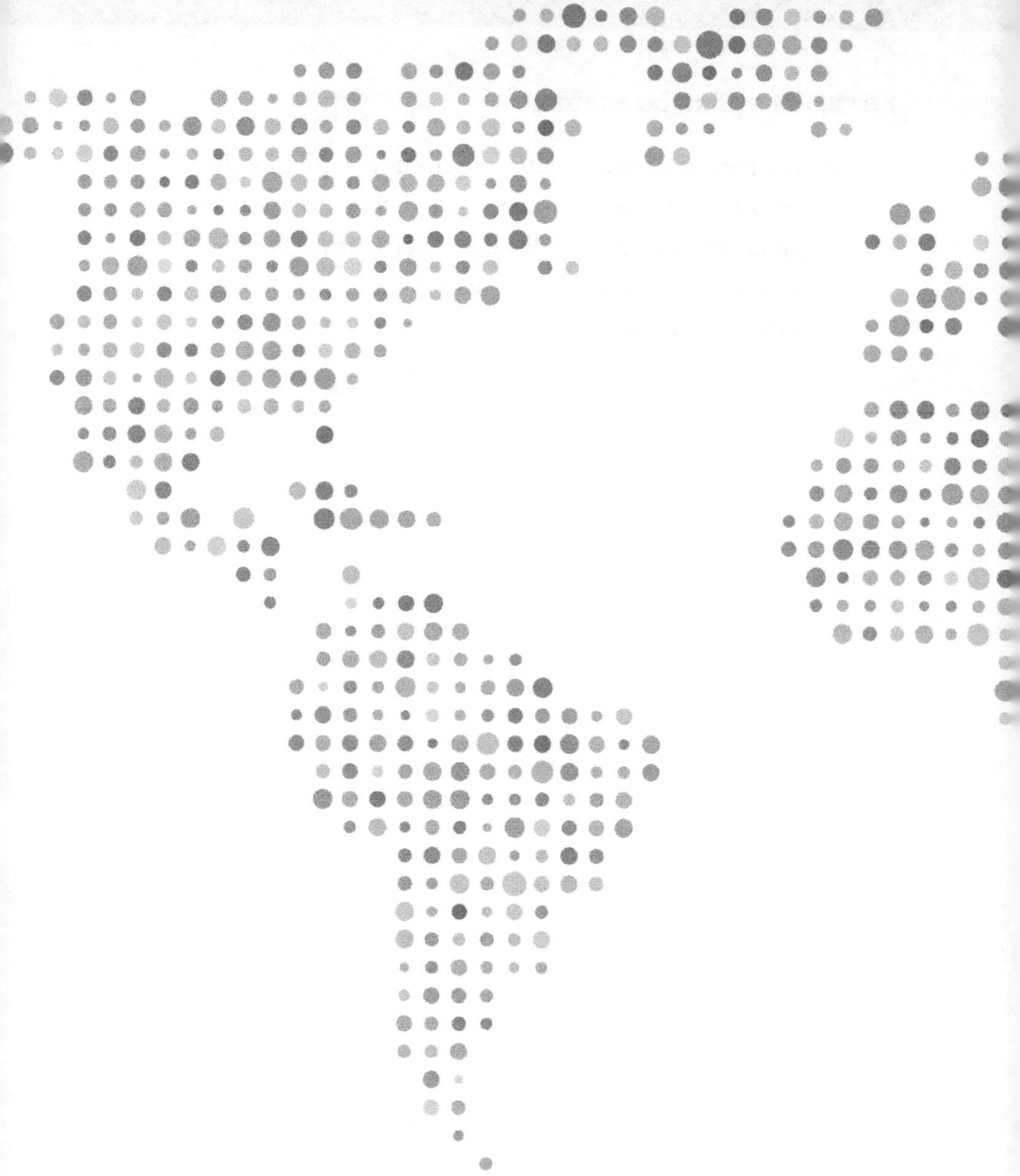

4

Balanço hídrico, chuvas e consequências nas cidades

Este capítulo tem como objetivo tratar do subcampo do clima urbano relacionado às chuvas. Para compreender a dinâmica das chuvas nas cidades, proporemos um olhar específico para as consequências que tal problema gera nos ambientes urbanos.

Discutiremos, inicialmente, questões ligadas à gênese do problema, abordando aspectos do balanço hídrico e seu comportamento em cidades; em seguida, a chuva será apresentada como desencadeadora de alguns problemas socioambientais.

Os rios e a hidrografia urbana serão abordados de modo a resgatar as elucidações postas no capítulo sobre planejamento urbano. Apresentaremos ainda algumas técnicas e métodos ligados ao estudo das chuvas e, por fim, proporemos uma discussão acerca dos conceitos que abordam soluções para os problemas ligados às chuvas.

4.1 Balanço hídrico nas cidades

No capítulo anterior, pudemos compreender qual a concepção de balanço de energia e, principalmente, como o ambiente urbano e seus fatores são capazes de alterar a ordem natural do sistema e causar o fenômeno das ilhas de calor.

Neste tópico, discutiremos o que é o balanço hídrico, que conceitualmente pode em muito se assemelhar ao balanço de energia, e veremos as consequências do efeito urbano sob tal equação.

Denomina-se *balanço hídrico* um sistema que contabiliza e monitora a água no solo com base no princípio da conservação de massas, como mostra a Figura 4.1. Nesse sistema, observa-se a quantidade de água que entra e analisa-se o seu percurso, sendo que a entrada acontece principalmente pela precipitação, podendo ocorrer também pelo orvalho, pelo escoamento superficial e pela ascensão capilar (Dalla Corte, 2015).

O ciclo hidrológico é, comumente, alvo de interpretações incompletas, como uma mera sucessão de processos. Entretanto, o percurso da água na natureza é mais complexo, sendo estudado por diversos ramos do conhecimento, como climatólogos, no âmbito da atmosfera, e hidrólogos, na parte terrestre etc. (Lopes et al., 2007; Varejão-Silva, 2006).

Após a entrada da água no sistema, passa-se a contar o tempo para o seu ciclo se completar e deixar o sistema alvo de análise. A saída ou a vazão da água de um sistema pode se dar por: escoamento superficial, evapotranspiração, escoamento subsuperficial e também por drenagens profundas.

Em um ambiente ideal, a água que adentra um sistema tem sua saída equilibrada entre os componentes apresentados, de modo que parte é destinada ao escoamento superficial, parte é evapotranspirada e outra parte se infiltra no solo, que a drena até o lençol freático.

Figura 4.1 – O balanço hídrico equilibrado

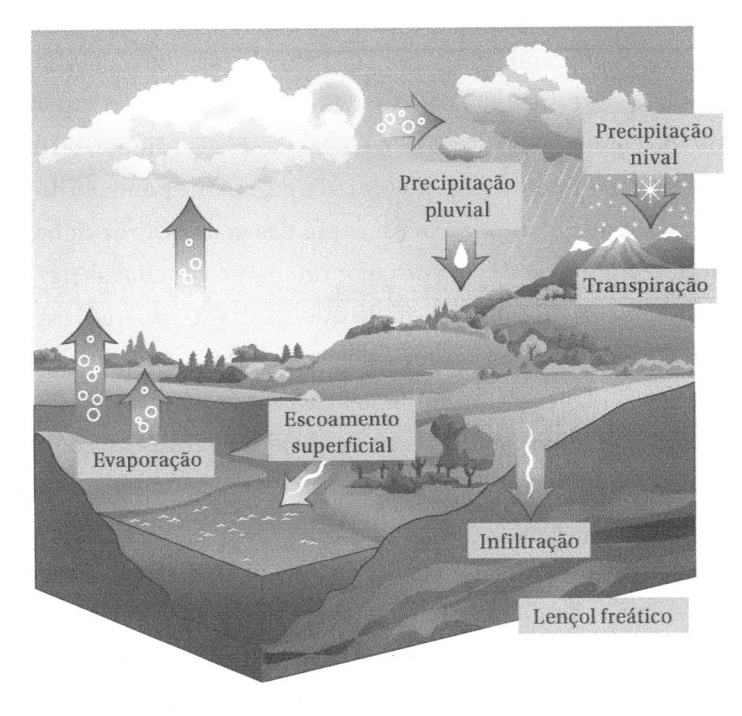

(Figura: ciclo hidrológico com Precipitação pluvial, Precipitação nival, Transpiração, Evaporação, Escoamento superficial, Infiltração, Lençol freático — ArtMari/Shutterstock)

Em uma cidade, os processos vão sofrer alterações, tendo em vista o ambiente totalmente antropizado que altera o destino da água e a sua capacidade de saída do sistema, comprometendo o montante de água que retorna e/ou deveria retornar a ele.

Segundo Carvalho (2016, p. 27):

> As principais alterações observadas no balanço hídrico em função da urbanização são: aumento no escoamento superficial, aumento dos picos de vazão máxima, aumento do volume de entrada e saída de água do sistema como um todo, diminuição dos índices de evapotranspiração, da infiltração de água no solo e da recarga do nível freático.

A autora alerta que, além do desequilíbrio no balanço hídrico, a qualidade da água tende a piorar por conta da poluição das cidades. Escourrou (1991), por sua vez, afirma que o montante de água que se precipita nas cidades tende a ser até 10% superior quando comparado às áreas rurais. Segundo essa autora, tal fato deve-se a três fatores: **rugosidade urbana, calor** e **poluição do ar**.

A **rugosidade** implica na ascensão das massas de ar. Sobre o **calor**, o fenômeno da ilha de calor intensifica as chuvas nas regiões centrais das cidades, dado que as altas temperaturas influenciam ligeiramente a pressão atmosférica, causando maiores instabilidades e concentrações de chuvas. A **poluição do ar**, todavia, age como catalisadora dos núcleos de condensação, em consequência dos aerossóis em suspensão, aumentando também as chuvas nas cidades.

As áreas impermeabilizadas de uma cidade, por outro lado, aumentam o fluxo de água do balanço hídrico destinado ao escoamento superficial. As redes de escoamento superficial das cidades, por sua vez, tendem a não ter barreiras, diminuindo o tempo entre a entrada da água no sistema e a sua chegada nos corpos hídricos, como os rios.

Pedron et al. (2004) alertam também para as consequências da compactação do solo, que diminui a porosidade do perfil pedológico significativamente, fazendo que mesmo as áreas não impermeabilizadas tenham dificuldades para promover a infiltração da água, aumentando o escoamento superficial. Assim, o perímetro das cidades apresenta um percentual maior de chuvas, destinando mais água para o escoamento superficial, havendo, consequentemente, menos infiltração.

As consequências desse impacto são graves, como o rápido aumento do volume de água que atinge os rios, chegando aos picos máximos de vazão. Além disso, existe, na maioria das cidades, a retificação, alteração e canalização dos leitos, práticas que visam potencializar a velocidade da vazão da água pelos rios e córregos urbanos.

Contudo, os efeitos de tais obras transferem para a jusante dos rios e córregos outros problemas, como enchentes e inundações, tendo em vista que aquela recebe uma carga muito maior de água (Canholi, 2014). Sendo assim, o desequilíbrio no balanço hídrico em cidades, provocado pelos fatores citados anteriormente, tende a aumentar a vulnerabilidade e os riscos à população.

4.2 Riscos e vulnerabilidades: a precipitação como problema socioambiental

Por *risco*, Marandola Junior e Hogan (2004) entendem uma situação futura que envolva incerteza e insegurança por parte de um sujeito ou de uma população ante a algum perigo. Os autores apontam que estar em risco seria, portanto, estar suscetível a ocorrência de um desastre ou perigo, o qual eles denominam *hazard*.

Os riscos têm seu espectro dividido em três categorias distintas que podem se sobrepor, são elas: **riscos naturais**, **tecnológicos** e **sociais**. Vamos analisá-los em detalhes a seguir.

» **Riscos naturais** – São aqueles com sua gênese inteiramente ligada a processos físicos da própria natureza (deslizamentos, furacões, tornados etc.) (Marandola Junior; Hogan, 2004; Esteves, 2011).

> **Riscos tecnológicos** – São aqueles que emanam de estruturas tecnológicas (explosões, vazamento de produtos químicos, radioativos etc.) (Marandola Junior; Hogan, 2004; Esteves, 2011).
>
> **Riscos sociais** – Resultam diretamente da ação do homem enquanto indivíduo e sociedade (violência, guerras, saúde etc.) (Marandola Junior; Hogan, 2004; Esteves, 2011).

Quando verificadas as precipitações em cidades, os riscos concernentes a essa variável são divididos em três: **enchentes, inundações** e **alagamentos,** como mostra a Figura 4.2.

A **enchente** ocorre quando o nível de água do rio sobe temporariamente, sem transbordar do seu canal de drenagem original.

Já quando o aporte de água é mais intenso, causando o extravasamento das águas para além de seu canal original, chegando a atingir as áreas de várzea, ocorre uma **inundação**. Tucci (2002) ainda as divide em: inundações ribeirinhas e inundações urbanas, de modo que a primeira deriva principalmente de fenômenos naturais e sazonais, enquanto a segunda ocorre em razão das alterações dos ambientes naturais induzidas pela urbanização. É nas inundações urbanas que observaremos com maior expressão os efeitos das inundações sobre a sociedade (Buffon; Goudard; Mendonça, 2017).

Os **alagamentos,** por outro lado, são acúmulos de água oriundos do excesso de escoamento superficial em pontos específicos da cidade, normalmente por apresentarem um sistema de drenagem deficitário. Os equipamentos urbanos (ruas e vias recortas, alteração dos sentidos do trânsito) prejudicam o curso natural da água, chegando, por vezes, a impedi-lo.

Figura 4.2 – Consequências do balanço hídrico desequilibrado pela urbanização

Enchente ou cheia é o aumento temporário do nível d'água no canal de drenagem devido ao aumento da vazão, atingindo a cota máxima do canal, porém, sem transbordamento.

Inundação é o transbordamento das águas de um canal de drenagem, atingindo as áreas marginais (planície de inundação ou área de várzea).

Alagamento é o acúmulo de água nas ruas e nos perímetros urbanos, por problemas de drenagem.

petovarga/Shutterstock

Os três principais riscos observados na ilustração têm sua origem nas chuvas, sejam elas extremas ou não, portanto, seriam considerados *riscos naturais*. Todavia, o homem, como indivíduo e como sociedade, também exerce forte e grave influência sobre tais riscos.

Assim, é possível verificar algumas condicionantes para o acometimento dos riscos como a impermeabilização e a compactação do solo, a modificação do curso dos rios urbanos. Esses fatores, acrescidos de outras variáveis (sociais, ambientais e tecnológicas), são mais do que apenas um risco natural, passando a ser **riscos híbridos**, como observamos na Figura 4.3.

Figura 4.3 – Riscos ligados à precipitação no espectro da concepção de riscos

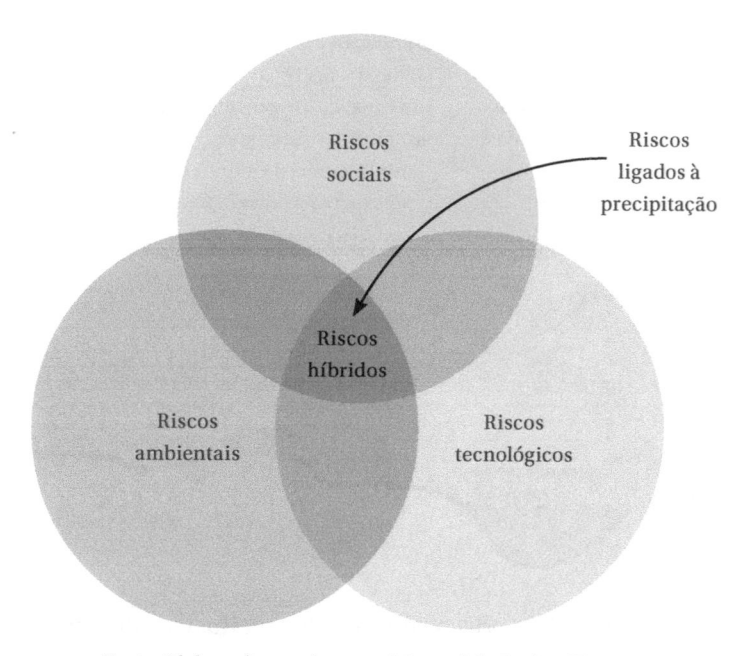

[Diagrama de Venn com três círculos: Riscos sociais, Riscos ambientais, Riscos tecnológicos. A intersecção central é identificada como "Riscos híbridos", apontada pela seta "Riscos ligados à precipitação".]

Fonte: Elaborado com base em Marandola Junior; Hogan, 2004, p. 100.

Vamos agora tratar da ideia de **vulnerabilidade**. Por essa expressão, entendemos a suscetibilidade ou a exposição do ser humano, enquanto indivíduo e sociedade, aos riscos, independentemente do espectro destes. Esteves (2011) pontua que o risco se diferencia da vulnerabilidade, pois o primeiro é, de fato, o problema a ser enfrentado, enquanto o segundo seria a capacidade de resposta ao perigo.

Para Marandola Junior e Hogan (2006), a vulnerabilidade pode ser compreendida mediante três elementos, quais sejam: exposição ao risco, capacidade de reação e grau de adaptação diante do risco concretizado.

Já Esteves (2011) caracteriza a exposição ao risco como um aspecto multifacetado, variando em função dos fatores que o compõem. Em relação à capacidade de reação e ao grau de adaptação, Mendonça (2004) coloca que estes relacionam-se a uma série de fatores sociais, econômicos, culturais, políticos e tecnológicos da sociedade moderna, estando também diretamente ligados às condições de pobreza de uma população.

Ainda sobre o conceito de vulnerabilidade, Marandola Junior e Hogan (2006, p. 36-37) atestam:

> [...] é fundamental ter em mente a pergunta "vulnerabilidade a quê?" quando se procede a uma investigação. A vulnerabilidade sempre será definida a partir de um perigo ou um conjunto deles, em dado contexto geográfico e social. Não se pode esquecer também de perguntar "onde e quem está/é vulnerável?". [...] A partir desta delimitação é possível identificar os fatores que podem promover a diminuição da vulnerabilidade, bem como as situações ou elementos que aumentam o risco.

A definição das dimensões e escalas temporais e espaciais também é essencial para a compreensão da vulnerabilidade. A depender do fenômeno estudado, o espaço e o tempo tornam-se fundamentais para a diferenciação dos vários graus de vulnerabilidade de uma população.

Refletindo o caráter social da vulnerabilidade em relação aos rios urbanos, Almeida (2010) discute a criação de um índice de vulnerabilidade socioambiental a enchentes na bacia do Rio Maranguapinho, em Fortaleza.

Em seu trabalho, esse autor conseguiu espacializar a vulnerabilidade da população local em relação aos riscos ligados a enchentes, listando elementos naturais que influenciam a presença física desses fenômenos, como: proximidade aos rios, topografia, índices pluviométricos, entre outros. E há os elementos sociais, que aumentam ou diminuem a vulnerabilidade da população ante o problema, sendo alguns deles: níveis de educação, acesso a saúde, coleta de lixo, infraestrutura sanitária.

O caráter social dos problemas ligados à chuva é ressaltado por Mendonça et al. (2016). Esses autores analisaram uma série de medidas adaptativas para os moradores em áreas de risco de inundação no município de Pinhais, na Região Metropolitana de Curitiba, e puderam constatar que a vulnerabilidade a esses problemas tende a ser menor em populações com melhores condições de renda, pois elas possuem condicionantes para se munir de estratégias que reduzem os riscos, como a construção de muros de arrimo.

As populações com piores condições sociais são as mais dependentes das ações de órgãos públicos, o que se torna um fato preocupante, pois nem sempre o assistencialismo é efetivo.

O resultado demonstra o caráter socioambiental do problema divulgado, vide que os níveis de vulnerabilidade serão diferentes a depender do nível social da população. A complexidade desse problema, aliada ao caráter multidisciplinar, delega à ciência geográfica uma função ímpar no entendimento e na pesquisa acerca das chuvas e suas consequências em cidades.

4.3 Rios urbanos, chuvas e planejamento urbano

Vimos anteriormente os efeitos das modificações urbanas sobre o balanço hídrico de ambientes urbanos. Observamos que, em razão dos tipos de modificação, seja no solo, seja em leitos e margens de rios, existem nas cidades maiores percentuais de água escoando superficialmente e implicando em consequências como os riscos então analisados.

Muitos dos riscos que estudamos estão intrinsicamente ligados à presença dos rios no tecido urbano. Esses cursos d'água são indícios de que a cidade de hoje passou por transformações diversas e, muitas vezes, difíceis ou impossíveis de serem reestabelecidas.

É difícil imaginar um rio natural, constituído por meandros suntuosos, biodiversidade e áreas de lazer no interior de uma cidade moderna, caótica e turbulenta, como grandes metrópoles brasileiras.

Conforme menciona Tucci (2002), as enchentes e as inundações são fenômenos naturais e também sazonais. As chuvas com maior e menor intensidade seguem uma certa ordem temporal para cada local, a qual ditará os períodos de cheia e seca dos rios. A partir do momento em que o homem passou a ocupar as margens dos rios, ele também passou a se colocar em situações de risco por conta dos problemas mencionados. Entretanto, verificando uma área pouco ocupada compreendida em uma zona rural livre de urbanização, a complexidade e os riscos diminuíram.

Em um momento pré-urbano, os rios tinham certas funções que se perderam com o passar dos anos, como lazer, transporte e abastecimento. Após a Revolução Industrial, no século XIX, observou-se um aumento no movimento populacional em direção às cidades e, com o crescimento intenso das metrópoles, foi possível observar situações de risco reais (Tucci; Bertoni, 2003).

No momento pós-Revolução Industrial se constatou uma maior alteração no uso e na ocupação do solo, que, por sua vez, age diretamente nas respostas hidrológicas, causando as consequências mencionadas anteriormente, como: incremento do escoamento superficial, queda da infiltração, aumento da vazão de água, entre outros (Galster et al., 2006).

Seguindo a concepção e a preocupação higienista do fim do século XIX e do início do XX um grande processo de canalização e retificação dos rios despontou, visando escoar com mais rapidez os dejetos e esgoto da cidade. Contudo, como consequência, conforme já mencionamos, o volume de água que chega à jusante do rio aumenta, bem como a suscetibilidade da região aos problemas de enchentes e inundações (Gonçalves; Nucci, 2017).

Assim foi construída a imagem que costumamos ter sobre rios urbanos, normalmente nos remetendo a mau cheiro, poluição, traços retilíneos e nenhuma biodiversidade. O rio acaba tendo como principal função escoar a sujeira urbana, chegando a ser malvisto pela sociedade e considerado um problema.

É ainda mais interessante observarmos que, antes de ser tratado dessa forma, os primeiros assentamentos e cidades tiveram nos rios seus grandes indutores. Neste momento, revemos as discussões do Capítulo 2, em que afirmamos a necessidade da inserção do clima urbano no planejamento urbano contemporâneo.

Boa parte dos problemas referentes aos rios urbanos com os quais lidamos atualmente são fruto da intencionalidade do planejamento feito nos dois últimos séculos. Como exemplo, citamos o Rio Pinheiros, na cidade de São Paulo, que nasce da junção entre os rios Guarapiranga e Rio Grande – os quais, por sua vez nascem das águas nascentes da Serra do Mar paulista – e tem sua foz no também famoso Rio Tietê. Um rio é uma consequência de seu trajeto, e isso é muito observado nos rios urbanos que apresentam tais características, como o Pinheiros, mostrado na Figura 4.4. Se antigamente esse curso d'água servia como área de lazer, transporte, entre outros; atualmente é um grande esgoto que torna a paisagem urbana de São Paulo ainda mais problemática.

As modificações no Rio Pinheiros tiveram início no fim do século XIX, em razão do crescimento da cidade de São Paulo. Isso concedeu aos moradores a ocupação de suas margens, mas causou inúmeras enchentes e alagamentos. A partir dos anos 1920, o governo concedeu à empresa São Paulo Tramway, Light e Co. Ltda o uso da região por onde passa o rio, o que possibilitou a construção de algumas obras, como a criação de usinas hidroelétricas ao longo de seu curso (Oseki, 2000).

Figura 4.4 – Trecho do leito original do Rio Pinheiros sobreposto ao atual

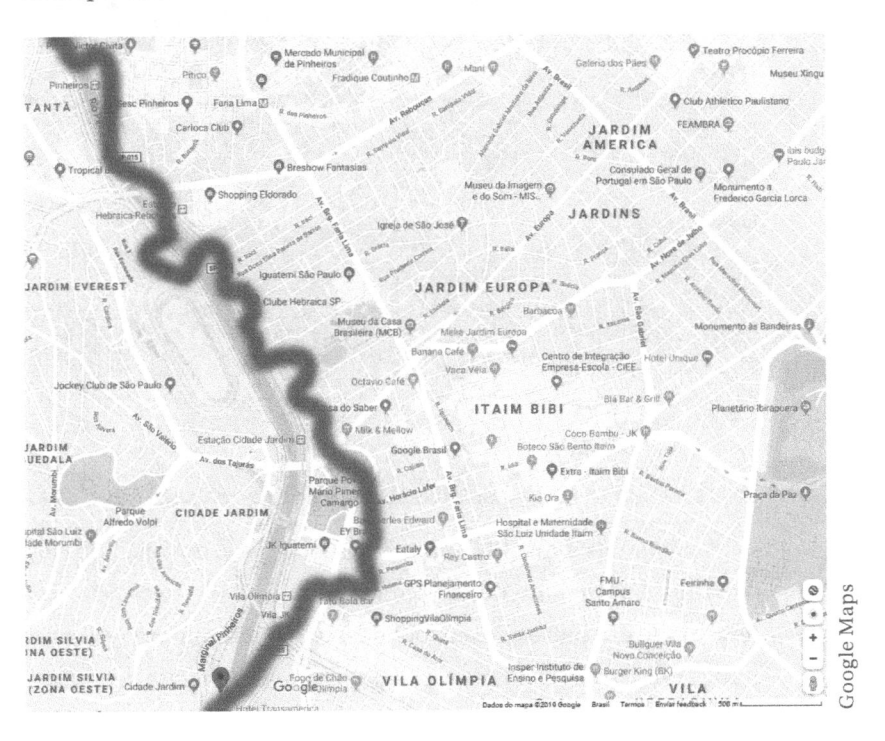

Até então, o rio exercia suas funções mais básicas para a população, por exemplo, clubes de lazer ocupavam áreas em suas

várzeas e promoviam a prática de esportes e recreação em suas águas. Foi somente a partir dos anos 1940 que os processos de retificação do rio tiveram início, culminando na modificação do seu curso natural nos anos 1950 e, posteriormente, na construção das avenidas marginais nos anos 1960 e 1970, que alteraram definitivamente a relação entre os citadinos e o Rio Pinheiros, como observamos na Figura 4.5 (Oseki, 2000).

Figura 4.5 – Trecho do leito atual do Rio Pinheiros. Linhas retas, água poluída, vias de ambos os lados e distância dos moradores

Filipe Frazao/Shutterstock

A partir dos anos 1980, uma nova concepção envolvendo rios urbanos e planejamento da cidade passou a ser discutida. Ela teve início em países desenvolvidos, que operam para refuncionalizar os rios das cidades, fazendo-os reassumirem seu papel original e necessário para a sociedade. Esse viés buscará reconciliar a cidade com seus ecossistemas, sanando problemas como as enchentes e melhorando a qualidade de vida dos cidadãos, no sentido de reaproximá-los de um sistema natural oriundo dos rios (Gonçalves; Nucci, 2017).

Gonçalves e Nucci (2017) apresentam propostas de reaproximação destes sistemas naturais, nas quais se incluem os chamados *sistemas de drenagem sustentável* (SUDS). Esses sistemas se baseiam em pequenas ações no âmbito do urbanismo que poderiam melhorar significativamente o sistema de drenagem de uma cidade, diminuindo o volume de água das chuvas que escoa superficialmente.

Algumas das adaptações envolvendo tal proposta no âmbito do planejamento urbano são: criação de praças ou cruzamentos rebaixados que funcionam como uma pequena bacia de retenção; áreas de biorretenção, que seriam pequenas depressões preenchidas com vegetação e que receberiam fluxos de microdrenagem direcionando-os para a infiltração ou a evapotranspiração, como podemos observar na Figura 4.6.

Figura 4.6 – (a) Trecho de uma via em Curitiba; (b) proposta de criação de biorretenções com ênfase ao direcionamento das águas pluviais

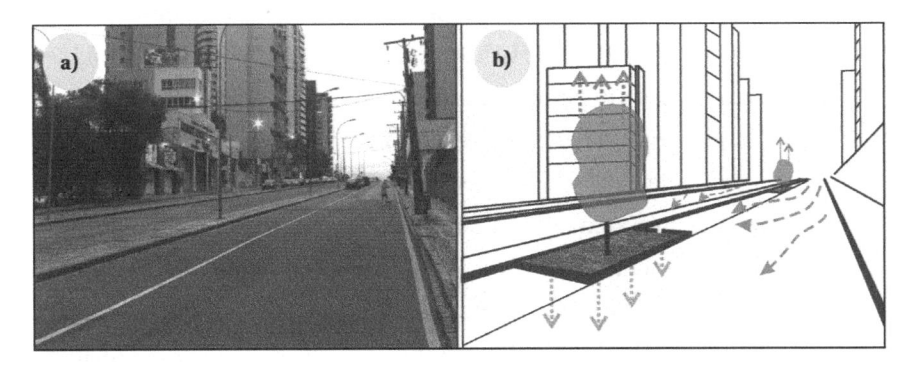

Fonte: Gonçalves; Nucci, 2017, p. 2005.

Reintegrar o rio às paisagens urbanas, modificando sua aparência e fazendo com que ele readquira suas funções anteriores, também é parte dessas novas abordagens urbanísticas ligadas às chuvas e às enchentes. Essas estratégias, por sua vez, fortalecem os laços dos cidadãos com sua cidade, criando um sentimento de pertencimento e propiciando dimensões mais humanas às cidades (Morsch; Mascaró; Pandolfo, 2017).

4.4 Técnicas e metodologias no estudo das precipitações em ambientes urbanos

No âmbito da aquisição de dados relacionados às chuvas, duas técnicas se sobressaem: é possível obtê-los através de estações meteorológicas em superfície munidas com pluviômetros – como mostra a Figura 4.7 – ou se pode recorrer a dados remotos obtidos por meio de satélites.

O primeiro e mais tradicional método garante maior acurácia e confiabilidade nos dados obtidos, além de, em muitos casos, apresentar uma série histórica mais longa, que permita análises estatísticas um pouco mais detalhadas.

Já a segunda opção apresenta como vantagens um custo mais baixo, vide que os dados de satélite estão disponíveis gratuitamente na internet, além de contemplar diversas áreas do globo que não têm ou jamais teriam estações para coleta de dados convencionais.

Além disso, a espacialização dos dados de precipitação por satélite, apesar de não necessitar da aplicação de técnicas de interpolação (extrapolando os valores de chuva colhidos em um único ponto, como ocorre em uma estação superficial), apresenta uma resolução espacial, na maioria das vezes, incompatível com os estudos das cidades.

Figura 4.7 – Tradicional pluviômetro de superfície

Alberto Masnovo/Shutterstock

Dos satélites que mensuram valores de chuva, ressaltamos aqui três que apresentam confiabilidade e disponibilidade de dados:

1. O sensor Tropical Rainfall Measuring Mission (TRMM), com 25 km de resolução espacial e três horas em escala temporal. Dos dados desse sensor provêm estimativas de chuvas em escala mensal, mas com menor resolução nos eventos em intervalos de tempo curtos, como na escala diária (Dinku et al., 2008). O TRMM coletou dados de chuva globais entre 1997 e 2015.

2. O Climate Prediction Center Morphing Technique (CMORPH) utiliza estimativas de precipitação derivadas de observações de micro-ondas de satélites de órbita baixa, correlacionando a dados infravermelhos de satélites geoestacionários. O CMORPH incorpora dados de precipitação derivados das micro-ondas dos satélites DMSP 13, 14 e 15 (SSM / I), NOAA-15, 16, 17 e 18 (AMSU-B) e AMSR-E (pertencentes à NASA – National Aeronautics and Space Administration), respectivamente, apresentando uma resolução espacial de oito quilômetros (Joyce et al., 2004).
3. O Climate Hazards Group Infra-Red Precipitation with Station (CHIRPS) faz uso de um conjunto de dados de precipitação de cobertura espacial quase global (abrange latitudes entre 50 °S e 50 °N) por um período superior a 30 anos (tendo iniciado em 1981), com resolução espacial de aproximadamente 5,5 km. Esses dados são interpolados com dados de estações em superfície para criar séries temporais que permitam a análise de tendências e o monitoramento da precipitação.

Averiguando a utilidade dos sensores remotos e correlacionando suas informações com dados de estações em superfície, Castelhano, Pinheiro e Roseghini (2017) observaram que as informações em escala temporal diárias apresentaram baixa correlação entre si. Esses autores salientam ainda que, quanto maior a escala temporal, melhor a correlação entre os dados, e atestam que, em escala anual, em ambos os sensores, as informações foram muito próximas às coletadas em superfície. No fim das análises, esses autores destacaram que o sensor CHIRPS foi o que teve as maiores correlações, sendo, portanto, o mais próximo aos dados coletados em solo por estações tradicionais.

Dados coletados em superfície também devem passar por processos estatísticos para comprovar a sua qualidade e para que não prejudiquem a análise a ser feita. Esses métodos são denominados *homogeneizantes*.

Observar se uma série temporal de dados está homogeneizada é o primeiro passo a ser tomado, para tanto, deve-se recorrer a *softwares* específicos que, através de dados de outras estações, indicarão se as alterações e as variabilidades observadas no dado testado dizem respeito apenas aos fenômenos climáticos naturais ou se fatores extranaturais estão afetando a série de dados (mal funcionamento de equipamentos, mudança no local de coleta, entre outros) (Pinheiro, 2016).

Com a qualidade da série comprovada, pode-se passar a novas análises. No âmbito da espacialização, semelhante ao observado em relação às ilhas de calor no Capítulo 3, também existe uma série de técnicas de interpolação de dados de chuva que permite a espacialização desse fenômeno através da estatística.

Um dos métodos mais utilizados na interpolação de dados de chuva é o chamado *spline*, que gera uma superfície suavizada e não permite a criação de núcleos ou "ilhas" de valores diferenciados, uma vez que segue sempre a tendência da maioria dos pontos de coleta de dados.

Outro método que pode ser utilizado na interpolação de dados de chuva é a *krigagem*, mostrado na Figura 4.8, e que também apresenta uma boa resposta no que tange à precipitação (Barbosa, 2006).

Figura 4.8 – Comparação entre métodos de *krigagem* e *spline* na espacialização das chuvas em Goiânia

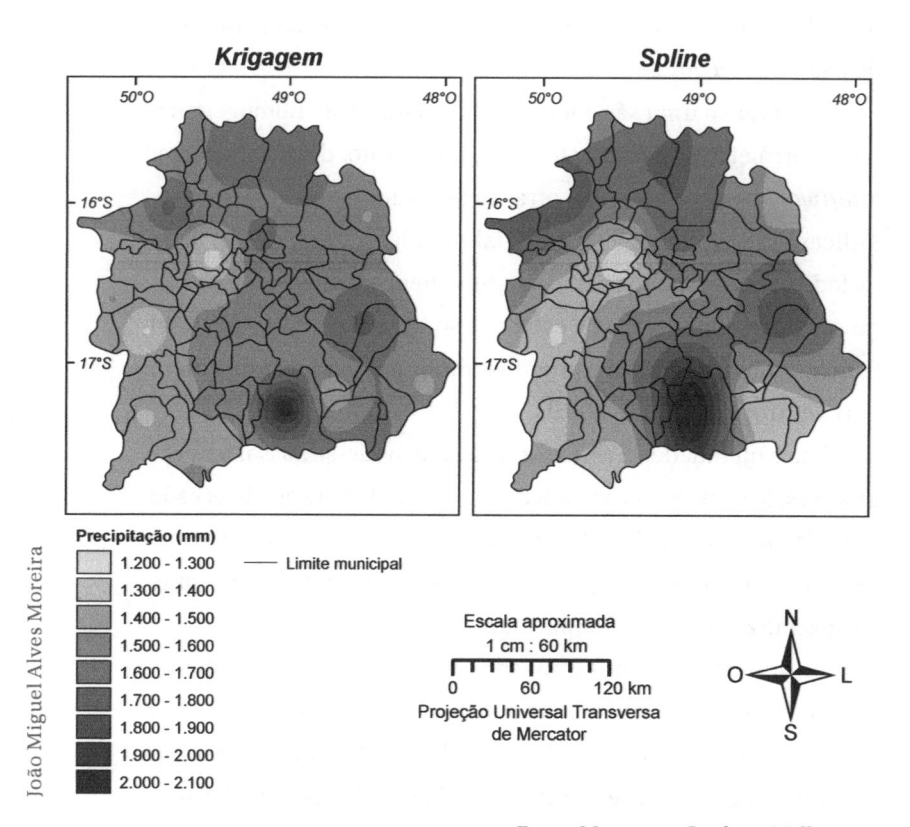

Krigagem | **Spline**

Precipitação (mm)
- 1.200 - 1.300
- 1.300 - 1.400
- 1.400 - 1.500
- 1.500 - 1.600
- 1.600 - 1.700
- 1.700 - 1.800
- 1.800 - 1.900
- 1.900 - 2.000
- 2.000 - 2.100

— Limite municipal

Escala aproximada
1 cm : 60 km
0   60   120 km
Projeção Universal Transversa de Mercator

Fonte: Marcuzzo; Cardoso; Mello, 2010.

Analisando uma série temporal de dados de precipitação, podemos buscar a classificação dos tipos de chuva com o objetivo de observar a recorrência e a frequência de eventos extremos. Pinheiro (2016) apresenta seis categorias para as chuvas com base em dados em escala diária, subdividindo os tipos de chuva em: dias sem chuva; chuva ligeira (0,1 a 2,5 mm); moderada (entre 2,5 e 7,5 mm); intensa (7,5 e 15 mm); muito intensa (entre 15,0 mm e o valor do percentil 95%), e as extremas (acima do percentil 95%).

Acima do percentil 95% significa que, organizando os valores de chuva entre toda a série histórica de dados levantada em ordem crescente, serão considerados valores extremos de chuva, aqueles que se alocam dentre os 5% de episódios com valores mais altos.

O cálculo e a análise estatística de dados de chuva são bastante importantes para o planejamento da cidade, para a prevenção de desastres e para o armazenamento de água. Esse nível de detalhes da realidade permite ao Poder Público estabelecer períodos de restrição para o uso da água por decorrência de secas ou agir para reverter o problema, realizando ações como construir estruturas suficientemente adequadas para o montante de chuva que se espera na cidade.

4.5 Prevenção contra desastres ligados à chuva

Depois de termos discutidos o problema, suas consequências e as técnicas para analisá-lo, vamos debater sua prevenção. No âmbito da gestão de riscos, sempre associada aos conceitos de riscos e vulnerabilidades, encontramos a ideia de **resiliência**.

No seu sentido espacial, *resiliência* é a capacidade de uma dada localidade, que sofreu algum tipo de desastre ou evento catastrófico, regressar ao seu estado anterior ao evento.

Um clássico caso de resiliência aconteceu no Japão, em 2011, quando um *tsunami* na costa nordeste desse país devastou a região e promoveu vazamentos na usina nuclear de Fukushima. À sequência do evento, as autoridades japonesas se organizaram para reconstruir o que havia sido perdido, garantindo o retorno ao estado de "normalidade" com rapidez.

Mendonça, Cunha e Luiz (2016), todavia, fazem ressalvas à discussão sobre a necessidade de as localidades serem resilientes, remetendo-nos à ideia de que populações mais carentes tendem a estar em constante situação de vulnerabilidade e muito mais sujeitas a riscos. Os autores questionam se a ideia de resiliência espacial de fato deveria ser aplicada a essas populações.

Utilizando como exemplo um bairro de periferia que sofre com inundações constantes em razão de sua localização às margens do rio, os autores analisam que, após um evento de inundações, o local regressaria à sua condição pré-evento catastrófico, o que destinaria à população a condição de alta vulnerabilidade socioambiental. Como, então, aplicar tal conceito em um país como o Brasil, onde muitas populações de baixa renda vivem em áreas de alta vulnerabilidade?

Em realidades sociais como as do Brasil, os gestores públicos devem voltar suas ações e suas estratégias para a mitigação e a adaptação, como prevenção aos desastres aqui abordados.

Diferenciando tais estratégias, a **mitigação** seria a busca pela eliminação do impacto sofrido. No caso das enchentes, seriam buscadas formas de reverter o fluxo elevado de águas por escoamento superficial, o que aumentaria o volume das águas dos rios, direcionando-os à infiltração ou retendo-os em outros locais.

Os sistemas de drenagem sustentáveis mencionado anteriormente (Gonçalves; Nucci, 2017) são um bom exemplo de medidas de mitigação, pois tais estratégias – como a criação de biorretenções, o rebaixamento de vias e praças – seriam formas de redirecionar o fluxo de água. Outro exemplo apresentado por Gonçalves e Nucci (2017) trata do redirecionamento de calhas individuais, que, em vez de despejar a água diretamente sobre o sistema pluvial da cidade, direcionaria aos jardins ou a áreas gramadas.

Outra estratégia utilizada para a retenção de águas de chuva é a construção de "piscinões", sendo uma prática bastante utilizada na cidade de São Paulo. Os primeiros piscinões com essa função foram construídos em 1994, de modo a evitar que um volume muito grande chegasse à jusante dos rios de maneira acumulada (Canholi, 2014).

As medidas de adaptação, por outro lado, não visam à eliminação do evento em si, mas sim à sua assimilação ante a população que o sofre. Fala-se, então, de medidas em escala macro e escala micro.

No âmbito das medidas macro, a elaboração de planos de contingência e resgate, estruturação da defesa civil, capacitação e treinamento de profissionais, elaboração de planos de recuperação, assim como estudos e pesquisas acerca dos fenômenos, são medidas que, se tomadas, não impedem o evento em si, mas modificam e melhoram a forma como a sociedade responderá a ele (Buffon; Goudard; Mendonça, 2017). Já a realocação de populações é uma medida considerada extrema, mas também povoa o espectro das mitigatórias em escala macro.

No âmbito das medidas em microescala, podemos citar a construção de muros de arrimo como forma de reter a entrada da água ou mesmo a elevação de residências de forma que, em épocas de cheias, as moradias não sejam atingidas, como exemplifica a Figura 4.9. As palafitas – casas construídas sobre altas estruturas de madeiras – também são clássicos exemplos de medidas adaptativas em microescala.

Figura 4.9 – Palafita na região de Manaus (AM)

Perpassando as medidas aqui apresentadas, é necessário salientar a importância da educação ambiental como principal medida preventiva a desastres. Ela tem papel preponderante para a assimilação do que é um desastre, pois enfatiza a importância das medidas em seu entorno. Mais do que isso, é por meio da educação ambiental que a consciência nos citadinos é criada, pois muitas vezes eles também podem ser considerados parte do problema, auxiliando na solução (Gomes, 2013).

Síntese

Assim como a radiação solar, a água que entra nas cidades também percorre um longo caminho até sua saída do ambiente analisado. A construção da cidade também age nesse percurso chamado de *balanço hídrico*, alterando desde o volume de precipitação na cidade até os seus percursos.

As mudanças no uso e na cobertura do solo, aliados a obras ao longo dos rios urbanos que surgem a princípio com o intuito de facilitar a saída de dejetos da cidade, atuam aumentando o volume de águas destinada ao escoamento superficial e diminuindo a velocidade com que tal volume atinge a jusante da bacia hidrográfica, elevando as chances da ocorrência de enchentes e inundações. A impermeabilização dos solos urbanos, por sua vez, aumenta consideravelmente a chance de alagamentos.

No sentido da análise e da espacialização dos dados de chuva em cidades, pode-se optar pela busca de dados de superfície, coletados em pluviômetros, oficiais ou não, ou buscar dados oriundos de sensores remotos que, apesar de não terem uma escala de detalhes tão boa, são uma alternativa a locais com pouco ou nenhum dado. A interpolação dos dados também pode ser debatida, mas opta-se, na maioria das vezes, pela técnica estatística *spline* ou pela *krigagem* mais tradicional.

Várias medidas que visam mitigar os problemas ligados a chuvas vêm sendo pesquisadas, as quais vão desde a renaturalização dos rios, com o intuito de tornar o curso do rio o mais próximo possível do original e, portanto, aumentar o tempo entre a entrada da água no sistema e sua saída na jusante da bacia, ou medidas pontuais, como os sistemas de drenagem sustentáveis que envolvem a construção de estruturas como jardins de chuva ou biorretenções.

Atividades de autoavaliação

1. (FUMARC, 2014) Em relação às inundações, às enchentes e à sua previsão, necessária ao controle dos efeitos de tais fenômenos, é correto afirmar:
   a) A enchente caracteriza-se pelo extravasamento do canal.
   b) A inundação caracteriza-se por uma vazão relativamente grande de escoamento superficial.
   c) A obstrução de um canal de escoamento é um fator que pode conduzir à ocorrência de enchente.
   d) A previsão de enchentes aplica-se ao cálculo de uma enchente de projeto, por extrapolação dos dados históricos para condições mais críticas.

2. Leia a notícia a seguir:

> **Jardins de chuva estão surgindo pela cidade de São Paulo**
> Um grupo de ativistas ambientais está literalmente quebrando o asfalto e o concreto para não apenas deixar São Paulo mais verde, como também um pouco mais permeável. Para isso, estão utilizando uma técnica simples de permacultura e desenho urbano, os jardins de chuva.

Fonte: Rosa, 2018.

A respeito dos jardins de chuva, uma estratégia semelhante às biorretenções, assinale a alternativa correta.
   a) São estratégias utilizadas apenas para melhorar a paisagem das cidades.
   b) São formas de se evitar corridas de lama.

c) São jardins irrigados apenas com a água das chuvas.

d) Auxiliam os processos de escoamento superficial e de permeabilidade do solo.

3. As enchentes são problemas graves nos grandes centros urbanos. Todos os anos essas ocorrências deixam muitas pessoas desabrigadas e, por vezes, até fazem vítimas fatais. As alternativas a seguir citam possíveis medidas para combater e evitar tragédias decorrentes das enchentes, exceto:

   a) A construção de sistemas eficientes de drenagem.
   b) A desocupação de áreas de risco.
   c) A diminuição dos índices de poluição e de geração de lixo.
   d) O asfaltamento e o calçamento das margens desmatadas.
   e) A criação de reservas florestais nas margens dos rios.

4. Sobre as técnicas para espacialização da chuva, indique a alternativa correta:

   a) É possível especializar a chuva com apenas dois pontos de coleta de dados.
   b) A interpolação de dados não é um método confiável para especializar a chuva.
   c) O pluviômetro mensura o volume de chuva que precipita e de água que evapora.
   d) *Krigagem* e *spline* são métodos de interpolação muito utilizados para especializar a chuva.

5. Sobre a manchete a seguir, assinale a alternativa correta:

> **Chuva faz Rio Tietê transbordar e provoca vários pontos de alagamento**
> ESTADÃO. **Chuva faz Rio Tietê transbordar e provoca vários pontos de alagamento**. 23 jan. 2011. Disponível em: <https://sao-paulo.estadao.com.br/noticias/geral,chuva-faz-rio-tiete-transbordar-e-provoca-varios-pontos-de-alagamento,670184>. Acesso em: 2 out. 2019.

a) O título não está correto, devendo o termo *alagamento* ser substituído por *inundação*.
b) O excesso de chuva foi o responsável pelos alagamentos perto do rio.
c) O alagamento citado tem origem puramente natural.
d) O Rio Tietê alaga constantemente.

Atividades de aprendizagem

Questões para reflexão

1. Dentro das questões relativas às consequências da chuva e analisadas sob o foco do canal hidrometeórico de Monteiro (1976), explique com suas palavras o que você compreende por *riscos* e *vulnerabilidades* e cite as três categorias de riscos eminentes à população.

2. Observamos neste capítulo algumas formas de se mitigar os problemas relativos às enchentes, sendo uma delas a construção de sistemas de drenagem sustentável (SUDS). A esse respeito, responda o que são SUDS e aponte três benefícios destes para as cidades.

Atividade aplicada: prática

1. Assista ao documentário River Blue e proponha medidas para a mitigação e/ou a solução dos problemas apresentados. Acredita-se na recuperação total dos rios apresentados? As populações apresentadas no documentário podem ser consideradas em situações de riscos e vulnerabilidades?

   RIVER BLUE. Direção: David McIlvride, Roger Williams. EUA: 2017. 95 min.

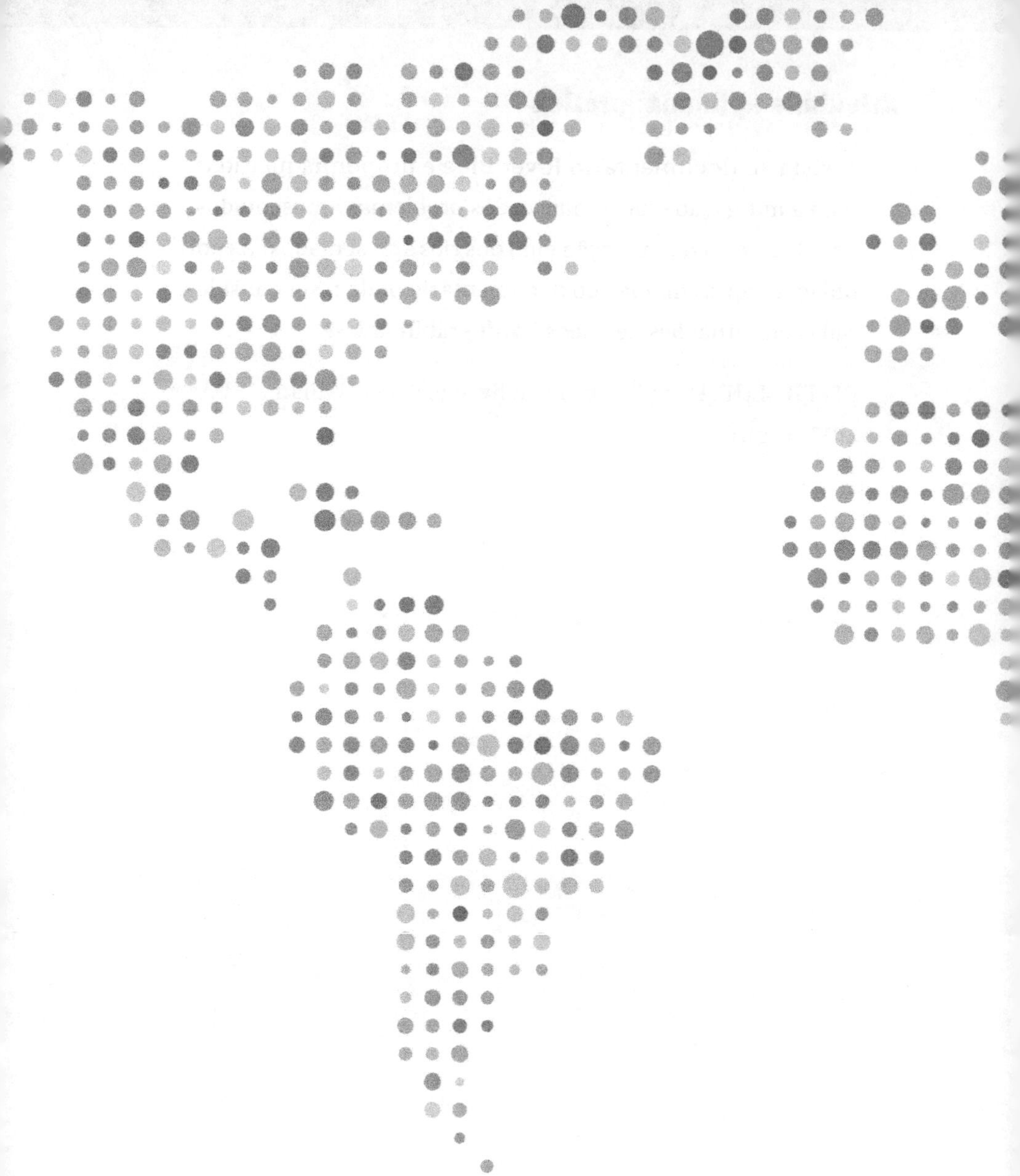

5
Poluição do ar, produção do espaço urbano e saúde nas cidades

O clássico problema ambiental das cidades, a poluição do ar, será discutido neste capítulo como fenômeno de alta complexidade, fruto direto da lógica de produção industrial das cidades. Esta, por sua vez, está ligada à lógica vigente de consumo, mostrando-se como um problema que, além das condições climáticas, está muito conectado ao nosso modo de vida e aos hábitos cotidianos.

Veremos os conceitos básicos de qualidade do ar, sua estrutura, as legislações e os estudos de caso que relatam sua relação com o clima. Alertamos que o clima não é o determinante da má qualidade do ar de uma cidade, mas atua como agente condicionante nesse fenômeno.

As relações entre o clima e a morfologia da cidade e suas implicações à saúde e ao bem-estar dos citadinos também serão alvo do debate deste capítulo, assim como as técnicas e os métodos para analisar o espaço e a dinâmica temporal dos poluentes.

No fim, discutiremos questões ligadas à solução dos problemas, às atitudes que podem ser tomadas e ao nosso papel enquanto indivíduos nessa problemática tão urgente, global e atual.

5.1 Clima, cidades e qualidade do ar

Talvez a temática que mais instiga o imaginário popular no âmbito dos problemas ambientais que acometem as cidades seja a poluição do ar. Esta tem seu início na Revolução Industrial e está intrinsecamente ligada à urbanização, de modo que, diferentemente dos demais no âmbito do clima urbano, tem sua gênese ligada unicamente à atividade humana (Monteiro, 1976).

Estudos geográficos sobre a qualidade do ar devem se estender para além da climatologia. Isso se deve ao fato de, nesse campo, o clima apenas condicionar a situação da poluição atmosférica e não determinar se o sítio será ou não poluído, como observamos na Figura 5.1.

Para tanto, um determinante é o fator-chave, ligado à gênese de tal questão, sem o qual a problemática não se desenvolveria. Já a condicionante seria um fator não relacionado à origem do problema em si, mas que surge como um agente que modera ou regula a evolução do primeiro (Landsberg, 1981). O estado da qualidade do ar de um sítio, portanto, situa-se como fruto da relação entre fatores espaciais distintos, condicionados por fatores meteorológicos que agem sob determinada localidade, ou seja, não se pode afirmar que o clima é o grande responsável pela presença de poluentes na atmosfera.

Essa concepção também é proposta por Ayoade (1986), que afirma que a intensidade da poluição atmosférica em determinado local tem duas variáveis principais: o índice de poluentes emitidos e o índice de dispersão e diluição de tais poluentes. O primeiro remete-se a um fator determinante, ligado diretamente à produção do espaço urbano e ao modo de vida; o segundo, um condicionante, trata principalmente das condições meteorológicas, mas também de certos aspectos, como a urbanização.

O conjunto desses índices tende a dar um caráter cíclico à dinâmica da qualidade do ar, tanto em escala anual quanto semanal e diária (Oke, 1978; Andrade, 1996).

Figura 5.1 – Estrutura do processo de poluição atmosférica

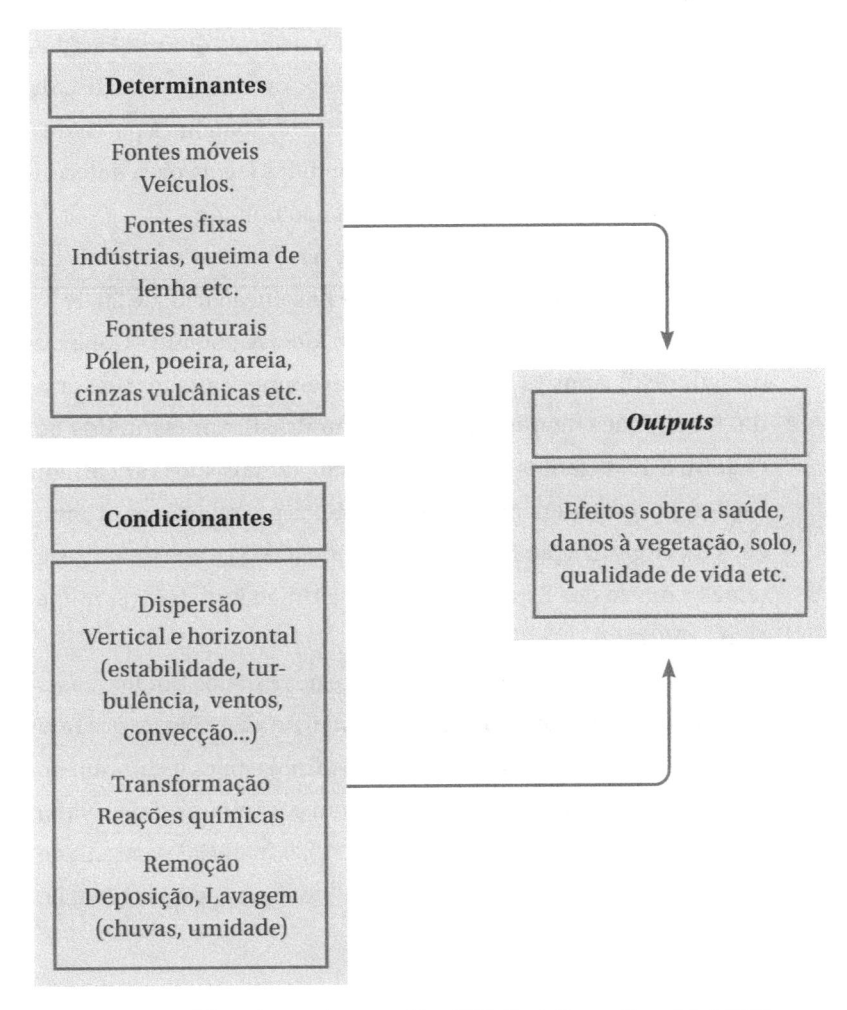

Determinantes

Fontes móveis
Veículos.

Fontes fixas
Indústrias, queima de lenha etc.

Fontes naturais
Pólen, poeira, areia, cinzas vulcânicas etc.

Condicionantes

Dispersão
Vertical e horizontal (estabilidade, turbulência, ventos, convecção...)

Transformação
Reações químicas

Remoção
Deposição, Lavagem (chuvas, umidade)

Outputs

Efeitos sobre a saúde, danos à vegetação, solo, qualidade de vida etc.

Fonte: Elaborado com base em Oke, 1978; Castelhano; Roseghini, 2016.

É necessário aqui apresentarmos a definição de *poluição* apontada por Ayoade (1986) como a entrada de quaisquer substâncias diferentes de seus componentes naturais em dado meio, a ponto de afetar de forma danosa esse ambiente, podendo ter origem natural ou antrópica. Dessa forma, observamos a poluição do ar, da água, do solo, entre outros tipos.

Somente a partir dos anos 1970 é que passaram a existir medidas legais para determinar se o ar de certa localidade está ou não poluído. Em 1971, foram elaborados e aprovados nos Estados Unidos os primeiros parâmetros legais para a medição e a fiscalização de poluentes atmosféricos do planeta. Somente a partir dos anos 1970 é que passaram a existir medidas legais para determinar se o ar de certa localidade está ou não poluído.

No Brasil, o estabelecimento dos parâmetros nacionais de qualidade do ar só foi outorgado pela Resolução n. 3, de 28 de junho de 1990, do Conselho Nacional do Meio Ambiente – Conama (Brasil, 1990), após 19 anos de a lei norte-americana ter sido criada. Os padrões de qualidade do ar no Brasil, apresentados no Quadro 5.1 e vigentes desde o ano 1990, jamais sofreram atualizações, portanto, encontram-se obsoletos em relação às orientações da Organização Mundial de Saúde (OMS) e aos demais sistemas, como o dos Estados Unidos e da União Europeia (Santana et al., 2012).

Em comparação à legislação vigente nos Estados Unidos, observamos que as principais mudanças estão na ausência de parâmetros para o $PM^{2.5}$ (Material particulado fino) e para o chumbo no Brasil. Nossa legislação ainda conta com parâmetros para o valor de partículas totais em suspensão (PTS), o material particulado mais grosseiro – parâmetros estes já inexistentes na legislação norte-americana.

Quadro 5.1 – Parâmetros mínimos de concentração de poluentes aceitáveis segundo a legislação brasileira vigente

Poluente	Padrão	Escala temporal	Nível
Monóxido de carbono (CO)	Primário e secundário	8 horas	9 ppm
		1 hora	35 ppm

(continua)

(Quadro 5.1 - conclusão)

Poluente		Padrão	Escala temporal	Nível
Fumaça		Primários	24 horas	150 µg/m³
		Secundários		100 µg/m³
Dióxido de nitrogênio (NO_2)		Primário	1 hora	100 ppb
		Secundário	1 hora	190 µg/m³
Ozônio (O_3)		Primário e secundário	1 hora	80 ppb
Material particulado (MP)	PTS	Primário	24 horas	240 µg/m³
		Secundário	24 horas	150 µg/m³
	PM_{10}	Primário e secundário	24 horas	150 µg/m³
Dióxido de enxofre (SO_2)		Primário	1 hora	75 ppb
		Secundário	1 hora	100 µg/m³

Fonte: Elaborado com base em Brasil, 1990.

Em relatório divulgado pela *Environmental Protection Agency* (EPA) (Agência de Proteção Ambiental Norte-Americana), o documento *Improving Air Quality: Through Land Use Activities* (Epa, 2001) (Melhorando a qualidade do ar através das atividades de uso da Terra) apontou forte influência entre as feições e as funções urbanas: transporte e o deslocamento de citadinos com o acúmulo de contaminantes e poluentes na atmosfera.

O Quadro 5.2 sintetiza algumas dessas feições e funções em termos de emissões, apontando os fatores que compõem as fontes da poluição atmosférica. Além da primeira divisão já citada por Ayoade (1986), entre naturais e antrópicas, estas podem ser subdivididas entre *fixas* ou *estacionárias* (indústrias, queima de resíduos etc.) e *móveis* (provenientes, principalmente, de veículos automotores), além dos poluentes secundários gerados como consequência de reações químicas entre poluentes e outros componentes da atmosfera.

Quadro 5.2 – Principais fontes de poluição atmosférica e seus poluentes

Fontes		Poluentes
Fontes Estacionárias	Combustão	Material particulado, dióxido de enxofre e trióxido de enxofre, monóxido de carbono, hidrocarbonetos e óxidos de nitrogênio.
	Processo Industrial	Material particulado (fumos, poeiras, névoas), gases – SO_2, SO_3, HCl, hidrocarbonetos, mercaptanas, HF, H_2S, NO_x.
	Queima de Resíduo Sólido	Material particulado, gases – SO_2, SO_3, HCl, NO_x.
	Outros	Hidrocarbonetos, material particulado.
Fontes Móveis	Veículos Gasolina/Diesel Álcool, Aviões, Motocicletas, Barcos, Locomotivas etc.	Material particulado, monóxido de carbono, óxidos de nitrogênio, hidrocarbonetos, aldeídos, dióxido de enxofre, ácidos orgânicos.
Fontes Naturais		Material particulado – poeiras Gases – SO_2, H_2S, CO, NO, NO_2, hidrocarbonetos.
Reações Químicas na Atmosfera Ex.: hidrocarbonetos + óxidos de nitrogênio (luz solar)		Poluentes secundários – O_3, aldeídos, ácidos orgânicos, nitratos orgânicos, aerossol, fotoquímicos etc.

Fonte: IAP, 2013, p. 15.

Estimar com precisão a influência de cada um desses processos na qualidade do ar urbano e mesmo o seu raio de atuação é algo complexo, dada a grande quantidade de variáveis aqui analisadas (Philippe, 2004).

É preciso levar em conta também a possibilidade de determinadas partículas se dispersarem na atmosfera e serem transportadas para mais de mil quilômetros de distância da sua emissão original, conforme apontado em estudo realizado por Roiger, Huntrieser e Schlager (2012) e ilustrado na Figura 5.2.

Segundo os autores, existem quatro fases no transporte de poluentes, também apontadas na Figura 5.2:

1. A primeira fase consiste na emissão.
2. A segunda fase eleva parte desses poluentes, frutos de correntes convectivas quentes. Esse ponto acontece em um período de uma hora, chegando até dois dias após a emissão, e é quando ocorre a remoção de químicos solúveis e algumas partículas físicas ainda remanescentes.
3. O terceiro momento do processo acontece em altitudes mais elevadas, nas quais as partículas em tamanho pequeno e aliadas à baixa ação fotoquímica se dispersam seguindo os fluxos de vento. Nesse ponto, as grandes distâncias são percorridas. Esse processo se dá entre cinco e dez dias e pode levar partículas a uma distância de cerca de mil quilômetros do ponto de emissão, a depender do tamanho destas.

Figura 5.2 – Fases dos transportes de poluentes pela atmosfera

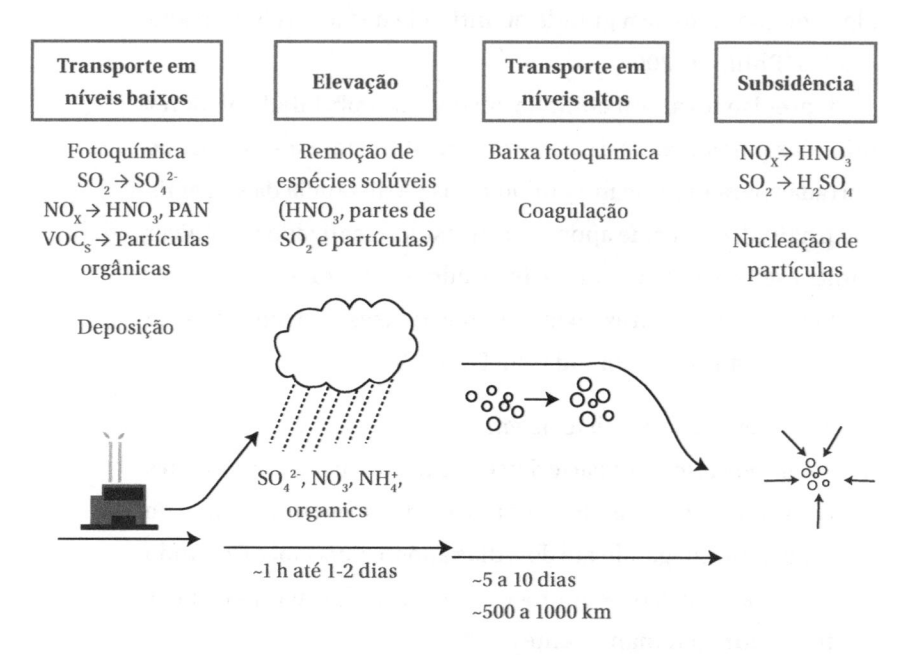

Transporte em níveis baixos	Elevação	Transporte em níveis altos	Subsidência
Fotoquímica $SO_2 \rightarrow SO_4^{2-}$ $NO_X \rightarrow HNO_3$, PAN $VOC_S \rightarrow$ Partículas orgânicas	Remoção de espécies solúveis (HNO_3, partes de SO_2 e partículas)	Baixa fotoquímica Coagulação	$NO_X \rightarrow HNO_3$ $SO_2 \rightarrow H_2SO_4$ Nucleação de partículas
Deposição			

SO_4^{2-}, NO_3^-, NH_4^+, organics

~1 h até 1-2 dias

~5 a 10 dias
~500 a 1000 km

Fonte: Roiger; Huntrieser; Schlager, 2012, tradução nossa.

4. Após esse período de constante atividade fotoquímica, chega-se ao quarto momento, no qual as partículas passam por um processo de nucleação ou condensação, aumentando seu peso, seguido pela subsidência, fase em que as partículas voltam a decair sobre as camadas mais baixas da atmosfera. Nesse processo, podem se formar novos poluentes além dos antigos, tratando-se, portanto, de poluentes secundários.

Apesar disso, as regiões próximas às grandes fontes emissoras seguem sendo as principais áreas de risco. Awan et al. (2011) apontaram as zonas industriais da cidade de Islamabad, no Paquistão, como as piores em qualidade do ar, no que diz respeito às partículas totais em suspensão (PTS). Segundo esses autores, apesar de serem indústrias de pequeno porte, a quantidade de poluentes nessas áreas supera a de localidades residenciais. Os locais próximos às grandes vias de veículos também registraram altos índices de poluição, apresentando valores acima do limite estipulado.

A expansão e a modificação dos cenários urbanos foram apontadas por Russo (2010) como causas de uma alteração na espacialidade dos poluentes no Rio de Janeiro. Em estudo comparativo utilizando dados de períodos distintos, o pesquisador assimilou o deslocamento populacional e econômico das zonas norte e central da cidade para a região oeste como justificativa para a piora na qualidade do ar nessa área. Nesse estudo, observou-se a clara relação entre a dinâmica econômica e ambiental em um sítio urbano.

Analisando a situação de Curitiba, Danni-Oliveira (2000) ressalta a influência de feições localmente na dispersão de poluentes, como grandes construções alocadas próximas umas das outras e em ambas as faces de uma quadra, formando o fenômeno denominado *cânion urbano* ou *microcânion* (Figura 5.3). Essa formação é comum em cidades adensadas e altera o fluxo de vento, não apenas pela formação de barreiras físicas, mas também pelo aquecimento das construções que o formam, alterando, por diferença de temperatura, a direção e o fluxo de ventos em seu interior (Sini et al., 1996; Oke, 1978).

Figura 5.3 – Esquema em corte de um cânion urbano

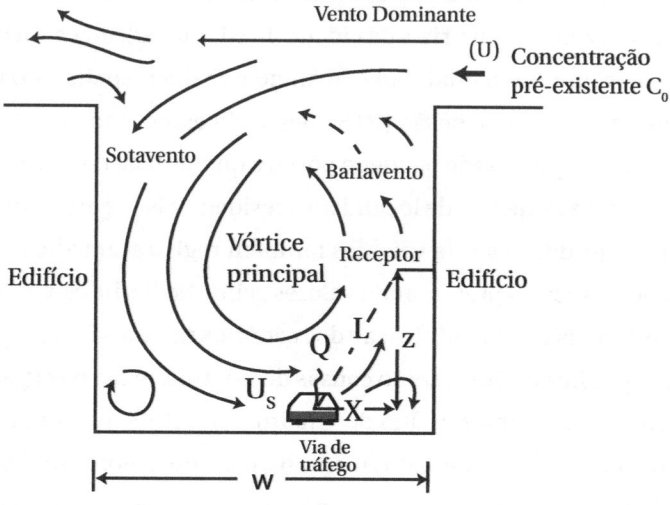

Fonte: Bender; Dziedzic, 2014, p. 32.

Outro aspecto espacial marcante para uma boa qualidade do ar é a presença de áreas verdes. Segundo Givoni (1991), a implementação de tais áreas tem influência direta e indireta na qualidade do ar. A influência direta diz respeito ao caráter filtrador da vegetação, seja sobre gases, seja em partículas de poeira; já o aspecto indireto está no fato de essas áreas permitirem uma melhor ventilação dos espaços urbanos, garantindo a dispersão da carga de emissões nos grandes centros.

Muitos dos fatores determinantes citados anteriormente convergem para a discussão dos processos de produção do espaço urbano e para o planejamento urbano deficitário pelo qual passam as grandes cidades.

Aqui cabe resgatarmos o conceito de urbanização corporativa de Santos (1993), que já abordamos no Capítulo 2 desta obra. Esse autor apresenta a ideia de um Estado que norteia os processos urbanísticos do país sobrepondo as necessidades de uma minoria corporativa e rica ante uma maioria pobre, justificando, assim, as contradições sociais tão facilmente observadas em qualquer cidade do Brasil.

O Estado tem um papel ímpar na produção do espaço urbano, refletindo diretamente as dinâmicas da sociedade que representa, dispondo de um conjunto de instrumento legais que pode empregar ao espaço (Corrêa, 1995).

5.2 Os riscos ligados à qualidade do ar

Analisando especificamente o caso dos riscos ligados à qualidade do ar, Branco e Murgel (2004) os caracterizam em relação aos seus efeitos e os diferem em três grupos: estéticos, tóxicos e irritantes. Veremos a seguir mais detalhes desses grupos.

Os **efeitos estéticos** são as consequências da presença de poluentes na atmosfera nas estruturas físicas construídas, podendo causar desgaste de materiais, perda de cor ou mesmo sujando as estruturas (Reyes et al., 2011; Venkat Rao; Rajasekhar; Chinna Rao, 2014). Venkat Rao, Rajasekhar e Chinna Rao (2014) apresentam o Taj Mahal, mostrado na Figura 5.4, como um exemplo clássico desse risco. Em recente estudo, os autores atribuem a sujeira e o amarelamento do mármore branco que compõe a parte externa do mausoléu à poluição oriunda do crescimento das indústrias e ao aumento do tráfego de veículos na cidade de Agra.

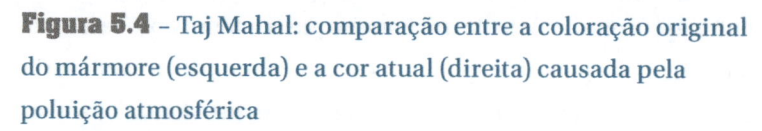

Figura 5.4 – Taj Mahal: comparação entre a coloração original do mármore (esquerda) e a cor atual (direita) causada pela poluição atmosférica

V.S.Anandhakrishna e Dorado5786/Shutterstock

Já os **efeitos irritantes** e **tóxicos** têm origem no espectro dos problemas ligados à saúde. Os efeitos irritantes são menos danosos, causando problemas principalmente às mucosas e aos olhos, podendo ainda causar ardência e incômodo (Branco; Murgel, 2004). Em situações extremas, a utilização de máscaras de proteção pelos citadinos pode amenizar tais riscos.

Os **efeitos tóxicos** são aqueles que geram consequências extremas à saúde em virtude do envenenamento por gases tóxicos, os quais atingem os sistemas respiratórios, cardiovascular e nervoso, dependendo do poluente e do nível em que ele se encontra.

Foi o que aconteceu na cidade de Donora, no estado da Pensilvânia, Estados Unidos, em 1948. Uma intensa nuvem de material particulado e dióxido de enxofre estacionou sobre a cidade, formando o chamado *smog* fotoquímico, fenômeno que matou cerca de 20 pessoas e deixou centenas em estado grave.

Diversas pesquisas correlacionam os altos níveis de poluentes a problemas de saúde. A associação entre altos níveis de dióxido de enxofre nos centros urbanos e problemas respiratórios foi atestada por Nascimento et al. (2006) para a região de São José dos Campos; por Vigotti et al. (1996), em Milão, na Itália; por Hatzakis et al. (1986), em Atenas, na Grécia; por Souza (2006) em Araucária, no Paraná, entre outros. Concentrações elevadas de ozônio são altamente danosas à saúde humana, afetando também, e principalmente, o sistema respiratório (Esteves et al., 2012; Lippmann, 1989).

Analisando o material particulado em suspensão, Tadano (2007) cita que o poluente tem a capacidade de se depositar na região superior do sistema respiratório e penetrar na região alveolar do pulmão, causando danos à saúde, pois o ser humano não tem a capacidade de expeli-lo. Além disso, também foram atestadas consequências ruins da exposição a altos níveis de material particulado nos sistemas cardiovascular e nervoso (Kampa; Castanas, 2008).

Já os efeitos do dióxido de nitrogênio sobre a saúde humana foram debatidos por Grazuleviciene et al. (2004), que mostram a relação entre os níveis desse poluente e os problemas nos sistemas respiratórios, circulatórios e cardiovasculares, principalmente.

5.3 Condicionantes climáticas ao problema da poluição do ar

As condições meteorológicas assumem um papel fundamental quando relacionadas à capacidade de diluição ou dispersão dos poluentes, sendo que os sistemas atmosféricos atuantes observados em determinado sítio podem ser definidos como peça crucial no entendimento da dispersão ou da concentração de poluentes atmosféricos (Hufty, 2001; McCormac, 1971).

Derisio (2012) apresenta os fatores *precipitação*, *temperatura* e *ventos* como aqueles que têm mais influência nos processos citados. Segundo o autor, a precipitação tem a característica de "lavar" o ambiente, auxiliando na questão da deposição de poluentes.

A temperatura, por outro lado, contribui para a formação de correntes convectivas que auxiliam na elevação e na dispersão de partículas. Por fim, os ventos também exercem um claro papel na dispersão, sendo que, quanto mais estáveis, maiores as chances de não ocorrer transportes e, portanto, o acúmulo de poluentes em um único sítio.

As inversões térmicas acabam sendo os fenômenos meteorológicos mais ligados a problemas na qualidade do ar. Esse processo se dá pela diferença de temperatura entre o ar e a superfície. Em situações atmosféricas comuns, tem-se um decréscimo gradual na temperatura do ar à medida que se distancia do solo. Tal fato ocorre por meio da transmissão de calor do solo aquecido pela radiação solar para o ar. O aquecimento e a consequente expansão do ar o deixam mais "leve", fazendo com que ele se eleve, enquanto o ar mais frio, mais denso e mais "pesado", ocorre de modo oposto, em um movimento denominado *convectivo* (Branco; Murgel, 2004).

Tal situação se modifica com tempo frio, como em épocas de inverno. Durante a noite, a superfície perde calor com mais facilidade, deixando as camadas inferiores da atmosfera mais frias, como mostra a Figura 5.5.

Figura 5.5 – Esquema de uma inversão térmica

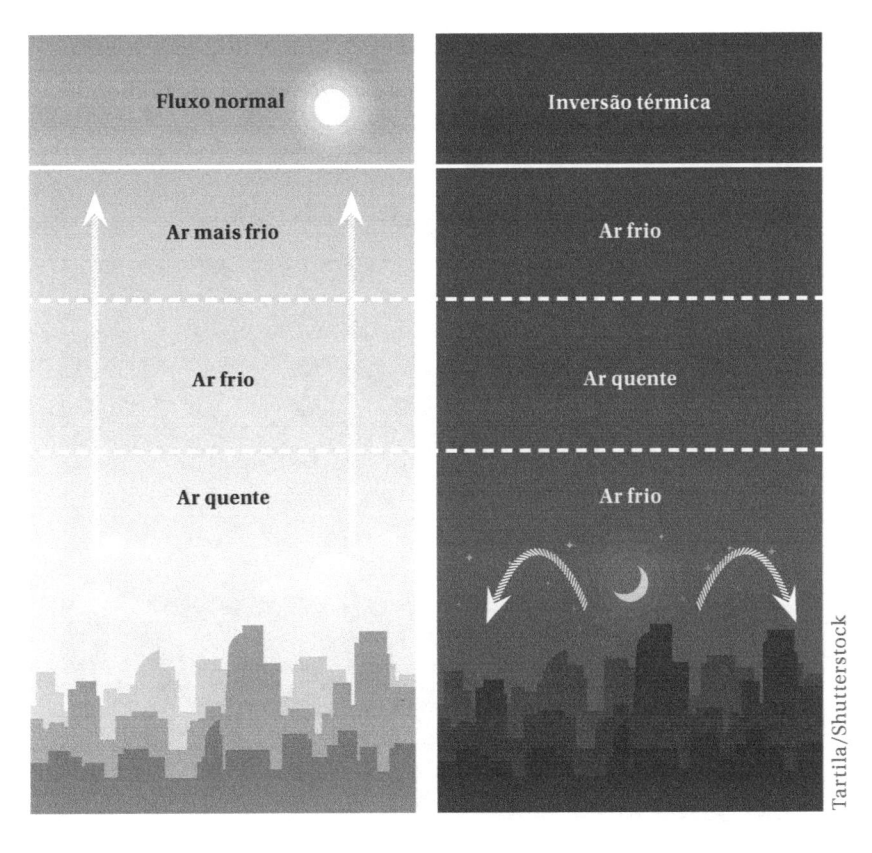

Fluxo normal	Inversão térmica
Ar mais frio	Ar frio
Ar frio	Ar quente
Ar quente	Ar frio

Tartila/Shutterstock

Após o amanhecer, os raios solares não são suficientes para esquentar as camadas mais baixas, impedindo os movimentos convectivos previamente explicados, conforme explanado na situação de inversão térmica da figura, o que causa imobilidade na atmosfera e na retenção de poluentes sobre a área urbanizada e uma espessa camada de coloração cinza na atmosfera urbana, como aponta a Figura 5.6.

Esses fatores tiveram sua importância reiterada por Kartal e Ozer (1998), que apresentam também a forte influência da umidade relativa na manutenção de uma boa qualidade do ar.

Segundo esses autores, altos índices de umidade tendem a ter como consequência baixos níveis de poluentes, uma vez que esse fator corrobora para a absorção e a deposição de poluentes atmosféricos.

Figura 5.6 – Inversão térmica na região de Curitiba

Francisco Castelhano

Contudo, tal teoria mostra-se polêmica, tendo sido refutada por Akpinar, Akpinar e Öztop (2009), que apontaram uma relação oposta entre os níveis de umidade relativa do ar, PTS e dióxido de enxofre na região leste da Turquia.

Esses autores encontraram uma relação inversa entre temperatura e velocidade do vento e os níveis de poluentes; contudo, essa relação com a umidade foi positiva, indicando, nesse caso, que níveis mais altos de umidade propiciavam piores condições em termos de qualidade do ar.

Em outro estudo realizado em Poznan, na Polônia, Czernecki et al. (2017) relacionam as variações em diversas escalas temporais de PM_{10} (material particulado até dez micrometros) com variáveis meteorológicas. Utilizando-se de uma série temporal de 2005 a 2013, os autores detectaram uma significante correlação negativa entre o poluente e a velocidade do vento e a temperatura.

No Brasil, o evento ocorrido em Cubatão, Estado de São Paulo, nos anos 1980, concedeu o título de "Vale da Morte" à região, tornando-se o caso mais conhecido de problemas ligados à poluição do ar no país. Nessa cidade, foram registrados inúmeros casos de nascimentos de anencéfalos em função da poluição atmosférica.

Segundo Alonso e Godinho (1992), os primeiros eventos com piores repercussões aconteceram em 1984, ante a presença de anticiclones tropicais semiestacionários por vários dias. Esse fenômeno deixa a atmosfera estável e dificulta a dispersão dos poluentes.

Sobre a relação poluição/meteorologia em Paulínia, polo petroquímico no Estado de São Paulo, Gutjahr (2002) explica:

> Os parâmetros meteorológicos interferem grandemente no comportamento, concentração e dispersão

desses poluentes. A circulação dos ventos em superfície, sua direção e velocidade, a ocorrência de radiação solar, a precipitação atmosférica e a umidade relativa, a estação do ano, entre outros, todos contribuem para resultados diversos.

É importante salientar outra conclusão da autora que expõe a notável melhoria na qualidade do ar nos dias dos fins de semana e feriados, tendo em vista a redução dos veículos nas ruas e a desaceleração da atividade industrial.

Romero et al. (1999) também associam os piores eventos de poluição em Santiago, no Chile, à presença de anticiclones aliados a inversões térmicas. Segundo os autores, o inverno é o período em que mais se registram eventos relacionados ao material particulado.

Conclusão semelhante à de Romero (1999) foi apontada por Monteiro (1989) para a cidade do Porto, em Portugal. A autora aponta uma relação clara entre episódios extremos de poluição e a presença de anticiclones na região, devido à dificuldade de dispersão. Há ainda uma correlação marcante entre baixas temperaturas e baixa qualidade do ar, a justificativa indica um aumento no uso de aquecimento por queima de lenha em períodos de baixa temperatura.

O mesmo fato foi observado por Andrade (1996) em Lisboa, com a alta relação entre a presença de anticiclones, a estabilidade atmosférica e baixos valores de velocidade do vento com níveis de dióxido de nitrogênio e monóxido de carbono.

Assim, observamos certo padrão temporal, confirmando a teoria de Derisio (2012) de que as épocas de outono/inverno são usualmente as mais propícias aos eventos que agravam a qualidade do ar em função de suas características meteorológicas próprias (baixas temperaturas, pouca umidade e pouca chuva).

5.4 Métodos e técnicas para análise da qualidade do ar

No âmbito do clima urbano, o tema da qualidade do ar no Brasil é aquele em que menos se observam pesquisas, o que reflete as dificuldades para a obtenção de dados que qualificam as publicações, sejam primários, sejam secundários.

Os equipamentos utilizados na coleta dos dados são, de maneira geral, de alto custo, e poucos são os municípios que contam com estações de monitoramento de qualidade do ar que possam embasar estudos a esse respeito.

Em um levantamento recente feito pelo Instituto Energia e Meio Ambiente (Iema), representado aqui no Gráfico 5.1, observou-se que apenas 12 estados brasileiros contam com ao menos uma estação oficial de monitoramento da qualidade do ar. Entre eles, destacam-se os estados de São Paulo e Rio de Janeiro como os possuidores das redes mais extensas e antigas de monitoramento do ar (Iema, 2014).

Uma maior gama de dados, tanto espaciais quanto temporais, qualifica os estudos que relacionam a dinâmica da qualidade do ar com a climática, uma vez que o montante de dados potencializa as correlações estatísticas detalhadamente.

Gráfico 5.1 – Evolução temporal das estações de monitoramento da qualidade do ar no Brasil

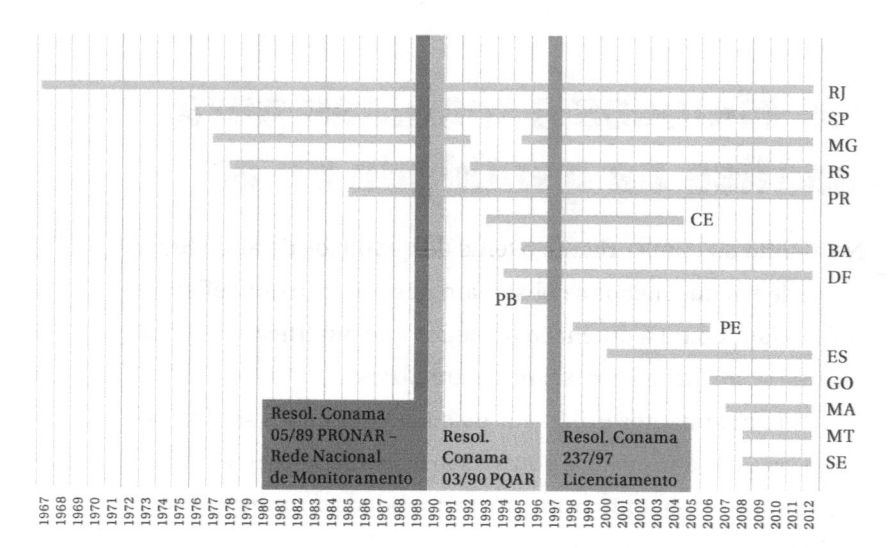

Fonte: Iema, 2014, p. 5.

Conforme já vimos anteriormente, os níveis de poluição em um dado local apresentam uma ampla gama de variáveis, tornando difícil o seu mapeamento detalhado, pois os registros de um poluente são facilmente alterados em espaços de menos de 100 metros, a depender de uso do solo, do tráfego de veículos, da vegetação, do microclima, do tamanho de edifícios, entre outros.

Para Briggs et al. (1997), a utilização de Sistemas de Informação Geográfica (SIG) encontra nessa diversidade a sua grande limitação. Segundo os autores, os SIGs não são a forma mais adequada de observar a distribuição espacial da poluição atmosférica, sendo recomendados apenas para uma escala menor, com menor nível de detalhes. Analisando tal fenômeno em escala urbana, as ferramentas são incapazes de prever a variabilidade dinâmica do fenômeno.

Sulaiman et al. (2017) utilizaram a ferramenta *topo to raster*, de técnicas de interpolação, com dados provindos de quatro estações espalhadas em uma área de 44 mil hectares. O resultado só pode ser utilizado por meio de uma análise generalista e, ainda assim, é passível de críticas, dado que a dispersão dos poluentes obedece a outras regras não contempladas por este, como dinâmica dos ventos, feições urbanas entre outras.

Uma saída para a análise espacial da poluição atmosférica, quando da ausência de estações oficiais de monitoramento, é a utilização de modelos pautados por inventários de emissão. Um inventário de emissão é um documento oficial em que constam a localização das fontes emissoras e o total anual que ela emite por poluente. A confecção desse documento é de responsabilidade do Estado e o fornecimento de informações para sua base de dados é obrigatório às empresas emissoras de poluição.

Moreira e Tirabassi (2004) ressaltam as redes de monitoramento de qualidade do ar como a forma mais eficaz de realizar a gestão ambiental de territórios nesse âmbito, contudo, os autores salientam que a utilização de modelos pode ser uma ferramenta eficaz para se estudar cenários futuros, apontando o alcance espacial dos modelos como sua principal vantagem.

Briggs et al. (1997) sustentam a ideia de que uma análise mais detalhada possibilita o estabelecimento de conexões, devendo ser realizada mediante modelos de dispersão ou de dados pontuais. Segundo os autores, a utilização de modelos matemáticos de dispersão permite uma aproximação mais real para a distribuição do poluente em que as condições meteorológicas (principalmente estabilidade e dinâmica dos ventos) serão levadas em conta em sua concepção. Contudo, sua escala de análise ainda apresenta lacunas por não possibilitar um melhor detalhamento e não considerar as rugosidades criadas pelo tecido urbano.

O modelo Gaussiano/Lagrangeano de dispersão parte do pressuposto de as emissões serem contínuas. Assim, faz-se necessário como *input* do modelo tanto a localização da fonte quanto o total de poluentes por ela emitida. A aplicação de um modelo desse tipo apresenta também limitações espaçotemporais. Recomenda-se sua utilização para o modelo de áreas urbanas ou industriais específicas, com distâncias médias de 100 m a 20 km da fonte emissora (SMHI, 2015).

Hanna, Briggs e Hosker Jr. (1982) atestam a proximidade dos dados produzidos por modelos Gaussianos com dados primários, além de apontar sua consistência com a natureza aleatória dos momentos de turbulência e apresentar certa simplicidade em sua concepção matemática. A Figura 5.7, um esquema básico da concepção da pluma de dispersão de uma fonte fixa pelo modelo Gaussiano, indica a curva de concentração vertical e horizontal do poluente após sua emissão em função da direção do vento.

Figura 5.7 – Pluma de dispersão do modelo Gaussiano

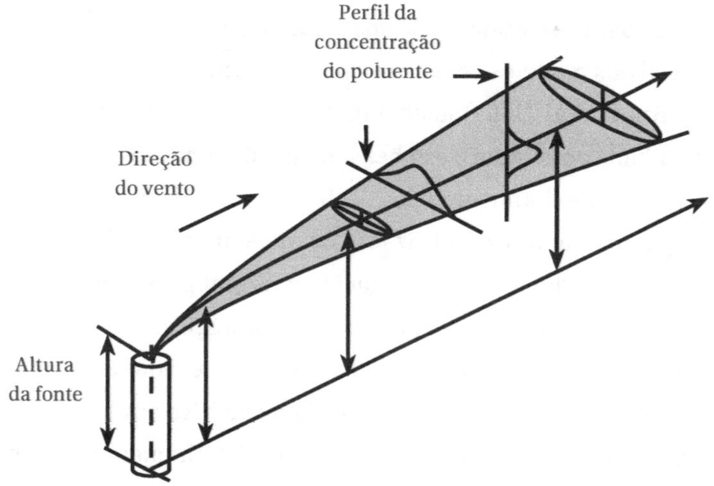

Fonte: Hanna; Briggs; Hosker Jr., 1982, tradução nossa..

As limitações desses tipos de modelos são muitas, entre elas Martins, Fortes e Lessa (2015) apontam que, para a simulação de modelos de dispersão gaussianos/lagrangeanos, supõe-se um cenário de ventos constantes, unidirecionais e variabilidade meteorológica limitada. Citamos o fato de o presente modelo apresentar um cenário hipotético, utilizando dados em escala temporal anual, portanto, a riqueza de detalhes em termos de valores absolutos se perde, mas ainda é possível ter uma ideia geral sobre a oscilação e a dispersão no espaço.

A turbulência da atmosfera é predeterminada em até sete níveis diferentes, indo de extremamente instável até moderadamente estável, com base na classificação de Pasquil (1961). A Figura 5.8 aponta os perfis de coeficientes de dispersão atmosférica vertical (A) e horizontal (B) em um modelo gaussiano à medida que se afasta da fonte por tipos de instabilidade.

Verificamos que, nos casos de maior instabilidade, a relação dispersão *versus* distância da fonte é menor quando comparada às demais situações atmosféricas, seja na dispersão horizontal, seja na vertical.

Além dos modelos matemáticos, outra possibilidade de análise espacial da qualidade do ar está na coleta de dados primários. As técnicas para obtenção desses dados podem ser divididas em dois grandes grupos: **coleta passiva** e **coleta ativa**.

Figura 5.8 – (A) Distância da fonte emissora × dispersão horizontal; (B) Distância da fonte emissora × dispersão vertical

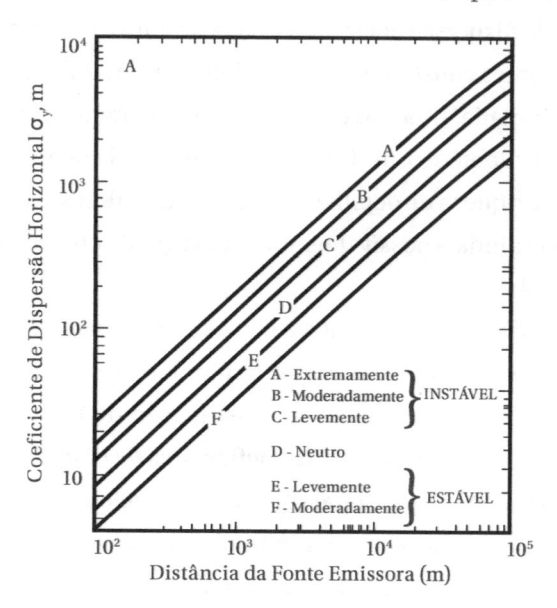

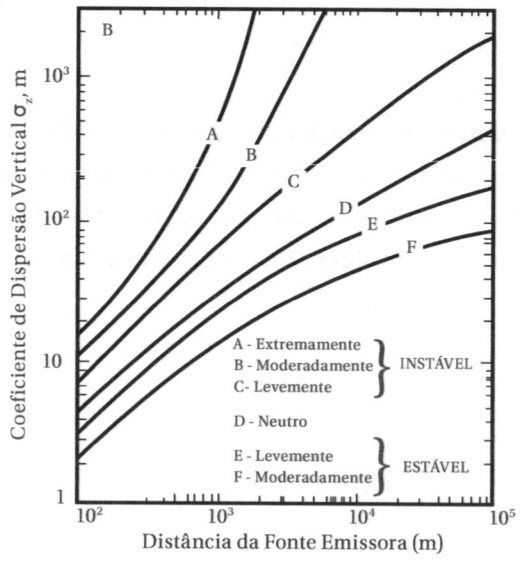

Fonte: Seinfeld; Pandis, 2006, p. 864-865, tradução nossa.

A **coleta passiva** consiste em filtros com reagentes específicos para o poluente, que indicarão os níveis deste em cada ponto de coleta. O amostrador deve ficar em contato com a atmosfera por períodos que podem variar entre uma e duas semanas. Após tal período, os filtros são levados ao laboratório, para que se estime um total do poluente atmosférico naquela localização. Esse método tem como vantagem o baixo custo dos amostradores, contudo, faz-se necessário o conhecimento e a aparelhagem laboratorial para realizar as análises.

Contudo, ressalta-se a falta de detalhamento em escala temporal nesse método. O valor obtido no fim da coleta será um valor médio observado ao longo de todo o período de análise, o que impossibilitaria uma análise, por exemplo, em escala diária (Gouin et al., 2005).

Os métodos ativos de amostragem de poluição do ar consistem na utilização de aparelhos que automaticamente succionam volumes iguais de ar e mensuram os poluentes ali presentes.

Esses equipamentos são de alto custo e necessitam ser ligados à rede elétrica; contudo, têm a vantagem de proporcionar medições mais detalhadas e com melhor acurácia temporal, possibilitando análises em escalas de tempo menores, de modo que se possa estimar com mais detalhes a relação entre certos fatores e os níveis de poluição (Hayward; Gouin; Wania, 2010).

5.5 Pensando na solução do problema: desafios, soluções e exemplos

A diminuição do problema aqui discutido passa obrigatoriamente pela redução nas emissões de poluentes. Aparentemente simples, a solução para a má qualidade do ar mostra-se bastante complexa por se tratar de um problema ambiental fruto do capitalismo industrial e consequência do modo de vida urbano que se estabelece há pelo menos cem anos.

Embora as sociedades tenham avançado no controle e no monitoramento da qualidade do ar nos últimos 50 anos, ainda há muito a se melhorar nessa área. Observemos, por exemplo, a intensificação da utilização de veículos movidos a combustíveis fósseis nos últimos anos, fato que clama e sustenta a importância de pesquisas nessa área.

Dados do Departamento Nacional de Trânsito (Denatran, 2017) apontam que, nos últimos 20 anos, a frota total de veículos no Brasil praticamente multiplicou por quatro, enquanto a população brasileira cresceu apenas 24%, como mostra o Gráfico 5.2.

Para Steg (2005), o carro nas sociedades ocidentais ocupa um espaço que vai além de um mero meio transporte, tornando-se símbolo de *status* e poder. A busca por transportes alternativos e menos agressivos ao meio ambiente, como o transporte público, as bicicletas e mesmo as caminhadas, acabam sendo deixadas de lado em função disso.

Gráfico 5.2 – Crescimento populacional e do número de veículos no Brasil entre 1997 e 2017

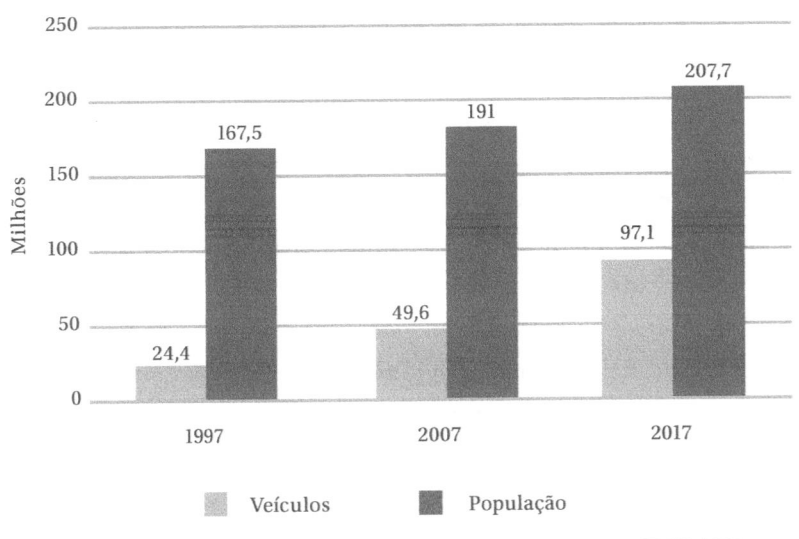

[Gráfico de barras – Milhões]
- 1997: Veículos 24,4; População 167,5
- 2007: Veículos 49,6; População 191
- 2017: Veículos 97,1; População 207,7

Fonte: Elaborado com base em Diretran, 2018; IBGE, 2018.

A ideia de substituir os veículos automotores por outros modos de transporte esbarra, porém, em uma dificuldade ainda maior: a ausência de estruturas adequadas. O citadino que opta por fazer seus trajetos urbanos em uma bicicleta, por exemplo, enfrenta inúmeras dificuldades, como: problemas em ciclovias, falta de segurança etc. (Garcia; Freitas; Duarte, 2013).

Os transportes públicos, por outro lado, ainda se mostram ineficazes, com coberturas frágeis e alto custo em países como o Brasil. Além disso, temos um cenário com frotas antigas e escassas, o que torna as viagens desconfortáveis e incentiva o uso de automóveis.

Outra constituinte desse processo é a morfologia das cidades que muitas vezes propicia o acúmulo dos poluentes, seja por meio da formação de cânions, seja pela ausência de áreas verdes que comprovadamente auxiliam a filtragem do ar e a deposição dos poluentes (Beckett; Freer-Smith; Taylor, 1998).

Os problemas aqui listados acenam para soluções que partam do âmbito do Poder Público, mas que devem ser abraçadas pela iniciativa individual também. Salientamos a necessidade de o Estado propiciar as estruturas adequadas para que uma substituição nos meios de transporte seja possível.

É preciso pensar também em outras soluções, como: incentivo e desenvolvimento de novas tecnologias – que sejam de fato acessíveis às diversas camadas da população; utilização de novas fontes de energia com menor carga emissora; rendimento de combustíveis; além de programas específicos para incentivar a arborização e aumentar a quantidade e a preservação de áreas verdes nas cidades.

Gulia et al. (2015) ressaltam que essas dificuldades tendem a ser agravadas em países em desenvolvimento, nos quais questões ambientais nem sempre são prioridade diante de problemas sociais mais urgentes. Para os autores, é estritamente necessário que cada país desenvolva o seu Plano de Gerenciamento da Poluição do Ar Urbana, com base em políticas de monitoramento e fiscalização, para então avançar em medidas estratégicas de redução da poluição.

Baseado em um Plano de Gerenciamento da Poluição do Ar Urbana, a prefeitura de Londres instaurou o pedágio urbano em alguns pontos da cidade como forma de diminuir o volume de veículos e estimular o uso de outros transportes, conforme nos mostra a Figura 5.9. Tonne et al. (2008) relatam a eficiência dessa política, que reduziu significativamente os níveis de material particulado e de óxidos de nitrogênio na zona central.

Figura 5.9 – Pedágio urbano em Londres

Henschel et al. (2012) fizeram uma longa revisão bibliográfica observando estudos que mensuraram intervenções urbanas sobre a poluição do ar. Um exemplo é o caso da cidade de Atlanta, nos Estados Unidos, que, durante os Jogos Olímpicos de 1996, sofreu um aumento nas frotas de ônibus, flexibilização dos horários de trabalho, entre outras mudanças que diminuíram sensivelmente o número de veículos privados nas ruas e, por consequência, melhorou a qualidade de ar da cidade.

Outro exemplo apresentado pelos autores também nos remonta aos Jogos Olímpicos, mas dessa vez em Pequim. Durante as Olimpíadas de 2008, o governo chinês implementou uma série de iniciativas para diminuir o volume de veículos e assim melhorar a qualidade do ar. Foram inauguradas novas linhas de metrô e trem, frotas de ônibus e houve o impedimento da circulação de carros privados em partes específicas da cidade, entre outras medidas.

Tudo isso reduziu em aproximadamente 16% o total de material particulado emitido na cidade em períodos pré-jogos olímpicos.

Por fim, observamos o exemplo de Cubatão, no Estado de São Paulo, como uma localidade que necessitou da intervenção direta do governo para diminuir os problemas originados da poluição do ar.

A cidade se desenvolveu historicamente ao longo do vale do Rio Cubatão, que dá nome à cidade. Os problemas ligados à poluição do ar começaram a surgir em razão do crescimento do parque industrial, que, por sua vez, começou a ser construído nos anos 1950 com o estabelecimento da Refinaria da Petrobras "Presidente Bernardes". A área industrial da cidade situa-se justamente no fundo de vale, onde existia um bairro de população de baixa renda chamado *Vila Parisi* (Alonso; Godinho, 1992).

A partir do início dos anos 1980, diversos casos de anencefalia passaram a ser registrados nessa região, incentivando pesquisas voltadas para a situação da constante emissão de poluentes pelas indústrias locais (Ferreira, 2007).

Segundo Ferreira (2007), esses fatores levaram à criação do Programa de Controle da Poluição Ambiental de Cubatão por parte do governo estadual, em 1983, incentivando a fiscalização e o monitoramento dos níveis de poluição da região.

A ausência de políticas públicas efetivas no âmbito da fiscalização e do monitoramento até 1983 também foi um fator que colaborou para o aumento da vulnerabilidade da população dessa região.

Além desses fatores, citamos também a tecnologia como outro elemento que possibilitou o aumento da vulnerabilidade. A utilização de tecnologias mais limpas poderia evitar ou diminuir os riscos aqui expressos.

Como alternativa para sanar o problema, os moradores do local foram removidos e realocados em outro bairro, o Jardim Nova República, como citado pela reportagem de jornal a seguir.

Segundo Silva (2008, p. 15),

> O Jardim Nova República foi construído num aterro na estrada entre a Via Anchieta e a Rodovia dos Imigrantes, em meio de um mangue poluído. As casas foram construídas com material simples e para abrigar a população que foi "removida" de Vila Parisi. Existem redes de esgoto, pavimentação das ruas, iluminação e água encanada.

A medida tomada pelo Poder Público local diminuiu a vulnerabilidade da população em relação aos riscos da poluição do ar, mas a expôs a outros riscos e vulnerabilidades, além de não ter sanado totalmente o problema ambiental da cidade.

Síntese

A baixa qualidade do ar é um problema ambiental e consequência direta do modelo de desenvolvimento urbano industrial observado em cidades do mundo todo. Por *poluição*, entendemos a entrada de qualquer substância não natural em determinado meio e que, em excesso, seja danosa a esse ambiente.

No âmbito do clima urbano, os fatores meteorológicos atuam como condicionantes para a boa ou má qualidade do ar, todavia, não podem ser consideradas como determinantes nesse processo. Por assim dizer, é possível ter uma situação climática que seja totalmente propícia ao acúmulo de poluentes, mas, se não existirem fontes emissoras, não haverá esse acúmulo.

Exemplos dessa situação são: pouca chuva, baixa umidade relativa do ar e ventos estáveis. A temperatura do ar também exerce influência na turbulência dos ventos e propicia a formação química do ozônio troposférico.

O determinante do processo seria, portanto, as fontes emissoras. O mapeamento, o monitoramento e a fiscalização dessas fontes emissoras facilitam o processo de modelagem e de compreensão da realidade espacial dos poluentes. Essa tarefa é muito dificultosa em razão do alto preço dos equipamentos e do dinamismo dos poluentes.

A solução para o problema da qualidade do ar nas metrópoles envolve órgãos públicos, planejamento urbano e também medidas individuais. Deve-se buscar uma nova estrutura urbana que permita aos citadinos utilizarem meios de transporte alternativos aos carros particulares, por exemplo.

Atividades de autoavaliação

1. (Brasil Escola, 2012) O ar é um recurso natural indispensável à manutenção da vida no planeta. No entanto, a ação humana tem colocado a sua disponibilidade em risco. Assinale a atividade humana que não intensifica a poluição do ar:
   a) Queimadas.
   b) Emissão de gases industriais.
   c) Assoreamento.
   d) Queima de combustíveis fósseis.
   e) Retirada da cobertura vegetal.

2. Ao longo deste capítulo, foram listadas algumas técnicas para espacialização dos níveis de poluentes. A respeito desse tema, assinale a alternativa **incorreta**:
   a) Inventários de emissões são boas fontes de dados espaciais na ausência da coleta de dados primários.
   b) Com dados de apenas uma estação de medição da qualidade do ar é possível estimar a dispersão de poluição por toda uma cidade.
   c) Modelos matemáticos, como o Gaussiano/Lagrangeano, são boas alternativas para especializar os poluentes.
   d) Faz-se necessário levar em conta a dinâmica dos ventos ao se gerar um modelo de dispersão.

3. O clima exerce um papel-chave nas condições de qualidade do ar de um dado local. A esse respeito, assinale a alternativa correta:
   a) Estudos comprovam que as chuvas não exercem influência sobre os valores de material particulado.
   b) A dinâmica dos ventos (direção e velocidade) não apresenta quaisquer relações com os níveis de poluentes.
   c) A pressão atmosférica exerce influência direta nos níveis de dióxido de enxofre.
   d) A temperatura de superfície é o fator-chave para explicar o fenômeno da inversão térmica, o qual, por sua vez, exerce grande influência na qualidade do ar.

4. Mais importantes que o clima, as fontes emissoras têm papel-chave na dinâmica espaço-temporal da qualidade do ar. A esse respeito, aponte a alternativa correta:
   a) As fontes fixas são responsáveis pela maior parte das emissões nas regiões centrais das cidades.
   b) Dióxido de nitrogênio e ozônio são exemplos clássicos de poluentes considerados secundários, ou seja, que se formam por meio de reações químicas na atmosfera.
   c) Não existe fonte natural no que tange à poluição do ar.
   d) Emissões de veículos automotores são consideradas fontes móveis e são responsáveis pelas emissões de material particulado e dióxido de enxofre, entre outras.

5. Sobre as consequências do excesso de poluição, assinale V para as assertivas verdadeiras e F para falsas:
   ( ) Os efeitos do excesso de poluição no ambiente se situam apenas no campo da saúde.
   ( ) Os efeitos estéticos são os mais prejudiciais para a humanidade, pois afetam construções históricas e patrimônios da humanidade.
   ( ) Os efeitos tóxicos são concebidos como aqueles com piores consequências para a saúde, causando principalmente transtornos pulmonares.
   ( ) Os efeitos irritantes atingem principalmente as mucosas e não são tão danosos quanto os tóxicos.

Atividades de aprendizagem

Questões para reflexão

1. Entre os conceitos-chave no âmbito dos estudos em qualidade do ar está o de *poluente*. Com base em sua leitura deste capítulo, conceitue esse termo.

2. O excesso de poluição do ar nos ambientes urbanos causa inúmeras consequências para os citadinos. Liste e explique os riscos ligados a má qualidade do ar nas cidades.

Atividade aplicada: prática

1. De acordo com a revista *Exame*, "calcula-se que até 500 mil pessoas morrem prematuramente na China a cada ano por causa da poluição" (EFE, 2015).
Assista ao documentário "Under the Dome – Investigating China's Smog" (Sob o domo – Investigando a poluição atmosférica da China), de Chai Jing, e reflita sobre os graves problemas causados pela poluição do ar.

   UNDER THE DOME. Direção: Chai Jing. China: 2015. 104 min.

   Os seguintes artigos podem servir como base para esta atividade:

   EFE. Documentário de jornalista chinesa sobre poluição viraliza na internet. **Exame**, Tecnologia, 3 mar. 2015. Disponível em: <https://exame.abril.com.br/tecnologia/documentario-de-jornalista-chinesa-sobre-poluicao-viraliza-na-internet/>. Acesso em: 2 out. 2019.

BRASIL ESCOLA. **Exercícios sobre diminuição da poluição do ar**. Disponível em: <https://exercicios.brasilescola.uol.com.br/exercicios-geografia/exercicios-sobre-diminuicao-poluicao-ar.htm>. Acesso em: 2 out. 2019.

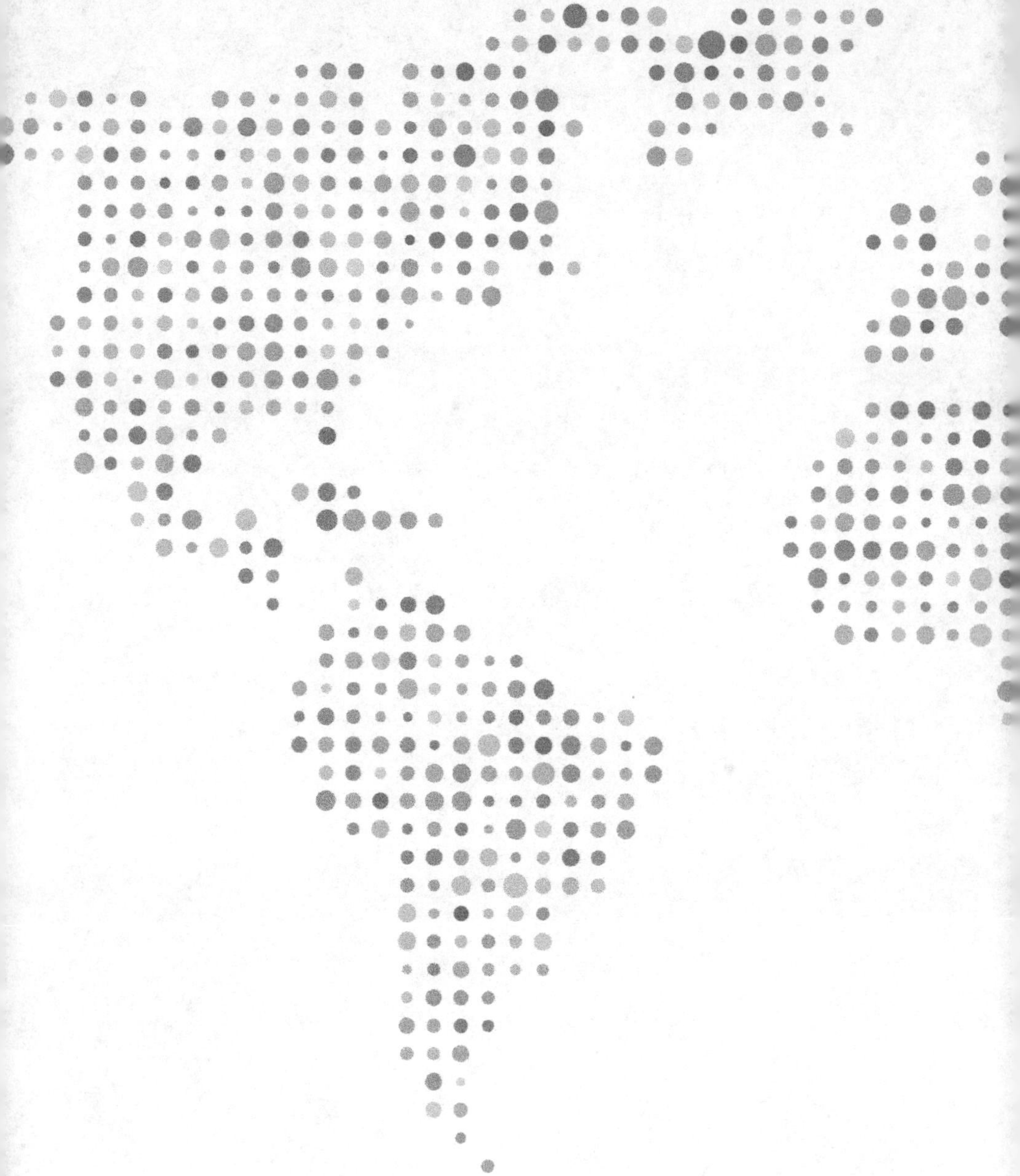

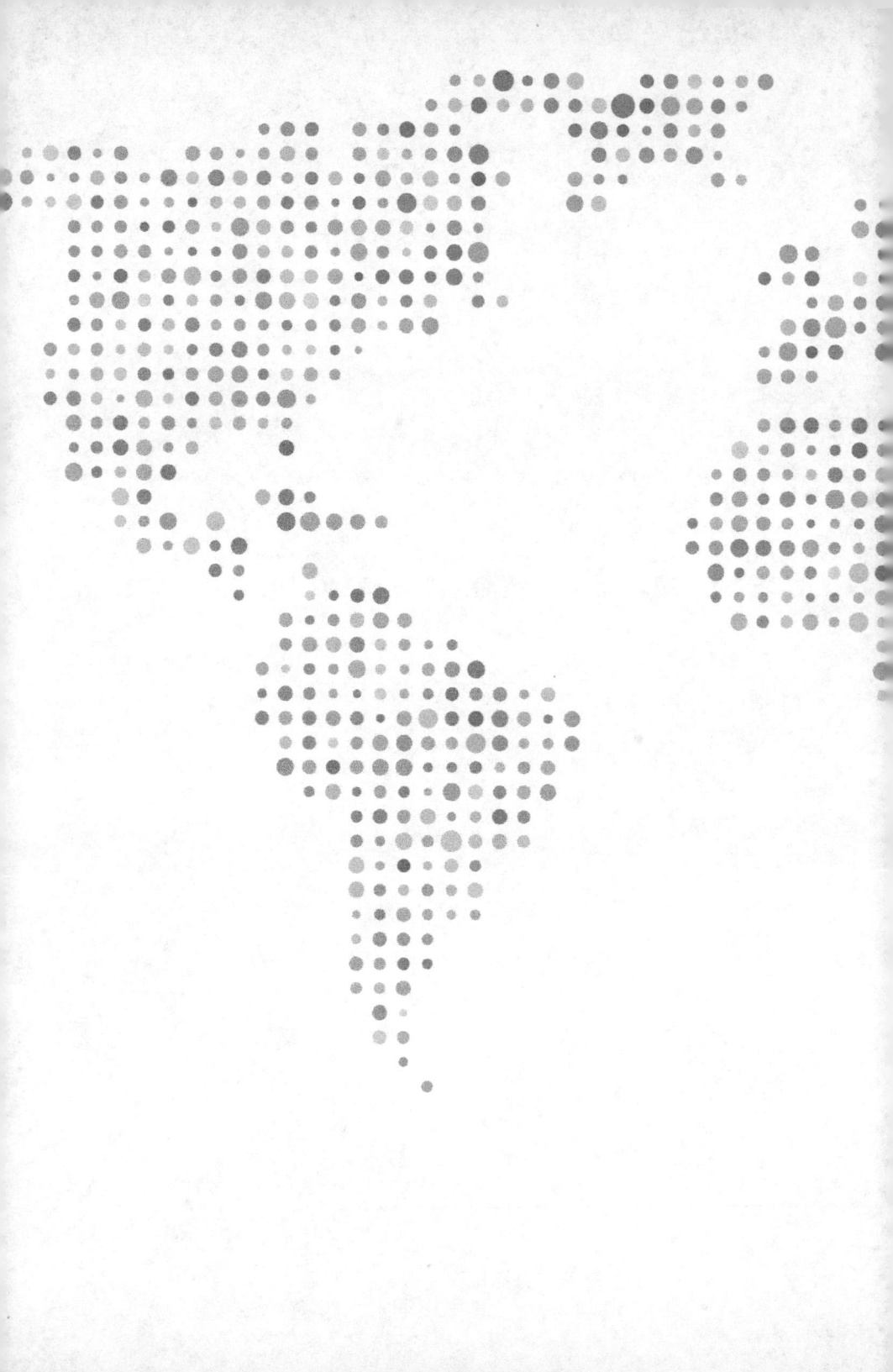

6
Mudanças climáticas e as cidades

Este capítulo vai introduzir a discussão sobre um dos temas mais debatidos e polêmicos da contemporaneidade no âmbito das cidades: as mudanças climáticas. Dessa forma, o atual paradigma científico da climatologia, as mudanças climáticas em escala global, será abordado na primeira parte deste capítulo.

Em seguida, procuraremos elucidar de forma mais crítica as argumentações sobre as mudanças climáticas. Estas perpassam a concepção científica e se misturam ao senso comum, tecendo críticas à teoria do Intergovernmental Panel on Climate Change (IPCC).

Apresentaremos na sequência algumas técnicas básicas utilizadas para corroborar a existência dessas mudanças; em seguida, serão discutidos seus efeitos nas cidades e os locais apontados como os que mais sofrerão as consequências desse fenômeno.

Alguns estudos sobre mudanças climáticas no Brasil e seus efeitos sobre as cidades serão discutidos no fim deste capítulo.

6.1 Discutindo as mudanças climáticas globais antrópicas

Ao longo desta obra, discutimos como o ser humano, por meio da construção de cidades e suas consequências, consegue alterar o clima em escala local.

É importante evidenciarmos que o clima é um fenômeno que age em resposta a múltiplas variáveis e fatores e, portanto, é extremamente dinâmico e nem um pouco estático.

O grande paradigma climático da atualidade tem foco nas discussões sobre mudanças climáticas globais e suas repercussões sobre as sociedades, mesmo que estas já tenham deixado o espectro científico e se tornado uma questão política.

A teoria das mudanças climáticas globais antropogênicas parte do pressuposto de que o clima, que já se modificou severamente ao longo das eras geológicas, está passando por modificações relativamente intensas em um período considerado curto em consequência da atividade humana.

Procuraremos explicar aqui a teoria das mudanças climáticas antropogênicas e seus argumentos defendidos pelo IPCC e já bastante popularizados.

A hipótese de que as atividades humanas envolvendo especialmente a queima de combustíveis fósseis estariam aumentando o percentual principalmente de dióxido de carbono na atmosfera terrestre e alterando o balanço energético é um dos questionamentos. Naturalmente, nossa atmosfera tem um percentual de gases que geram o chamado *Efeito Estufa* (*greenhouse gas*). Esse fenômeno é natural e apontado como um dos responsáveis pela manutenção da temperatura terrestre a parâmetros habitáveis. Já vimos no Capítulo 3 que parte da radiação solar que chega à superfície terrestre é refletida pela crosta terrestre. Após esse efeito, parte da radiação se dissipa no espaço e parte é re-emitida pelos gases do Efeito Estufa, regressando à Terra, de modo a manter as temperaturas mais elevadas e homogêneas.

Observamos na Figura 6.1 a intensificação da camada de gases do Efeito Estufa oriunda da queima de combustíveis fósseis, o que altera o balanço energético e aumenta o montante de radiação re-emitida para a Terra e, por consequência, sua temperatura (IPCC, 2014).

Figura 6.1 – Efeito estufa natural e efeito estufa antropogênico

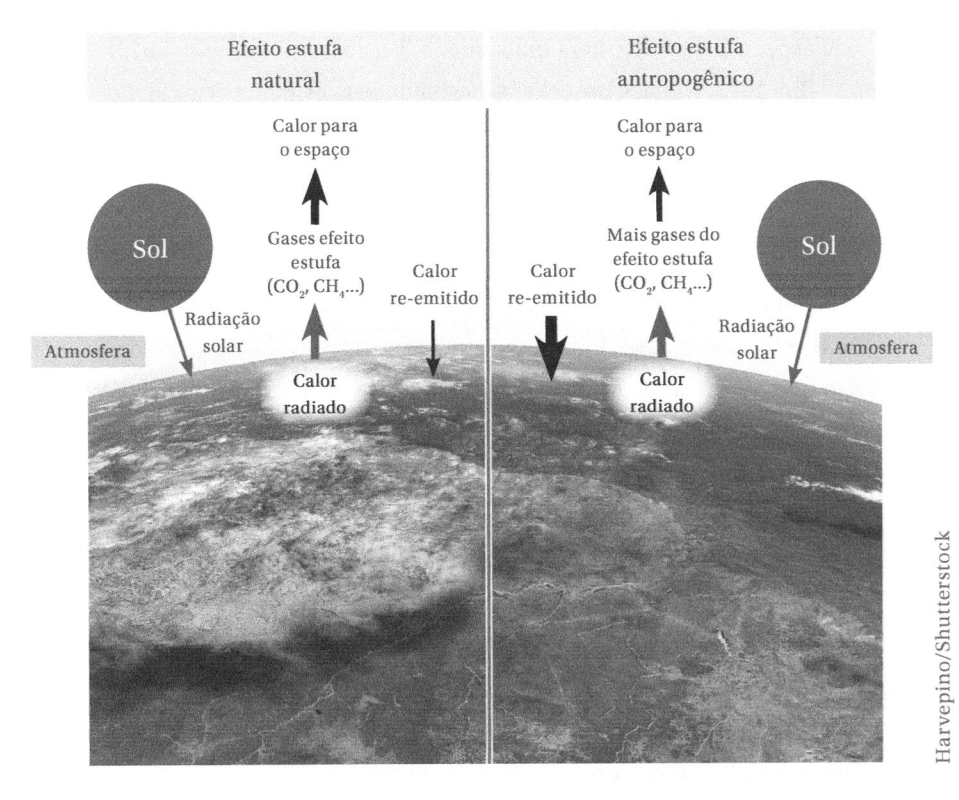

As primeiras pesquisas envolvendo a influência do dióxido de carbono e outros gases na manutenção da temperatura terrestre datam do fim do século XIX, quando o químico suíço Arrhenius mencionou o Efeito Estufa. Daí uma série de pesquisas no século seguinte, envolvendo inclusive as análises da superfície de Vênus, passaram a revelar cada vez mais a importância desse gás e os seus possíveis efeitos no clima da Terra (Maruyama, 2009).

As discussões envolvendo a ação do homem sobre o Efeito Estufa e os consequentes aumentos na temperatura só surgiram no espectro científico com mais intensidade a partir dos anos 1970.

Em 1975, Wallace Broecker apresentou pela primeira vez a ideia de aquecimento global em seu artigo *"Climatic Change: Are We on the Brink of a Pronounced Global Warming?"* (Mudança climática: estamos à beira de um aquecimento global pronunciado?), no qual apontava a influência das emissões antropogênicas de dióxido de carbono na atmosfera para o clima do planeta e previa o aumento nas temperaturas globais. Esse autor afirmou ainda em seu artigo que o constante aumento de emissões ocasionaria a primeira modificação climática em nível global com possível atribuição ao ser humano (Broecker, 1975).

Até então, estudos indicavam que o clima terrestre passava por uma situação de resfriamento, com estudos inclusive predizendo a chegada de uma pequena era do gelo por causas naturais, previsão que contava com grande divulgação midiática.

A partir de então, uma série de estudos passaram a analisar a correlação entre o aumento no volume de dióxido de carbono na atmosfera advindo de emissões antrópicas e o incremento nas temperaturas observado em diversas estações meteorológicas pelo globo.

Os estudos nessa área ficaram ainda mais intensos após a criação do IPCC, o Painel Intergovernamental para Mudanças Climáticas, órgão sob a égide da Organização Meteorológica Mundial (OMM) e do Programa Ambiental das Nações Unidas, ambas instituições ligadas à Organização das Nações Unidas (ONU).

O IPCC publica seus relatórios a cada cinco anos, desde 1990, tendo publicado o quinto em 2014. Esses documentos têm sempre novos dados e novos modelos gerados por supercomputadores de cenários futuros para a temperatura global. Com base nesses cenários, são propostas medidas de mitigação e adaptação dessa temperatura.

Apesar da institucionalização desse órgão, o maior impacto para a popularização da teoria das mudanças climáticas globais surge com o lançamento do documentário *Uma verdade inconveniente*, produzido pelo ex-vice-presidente dos Estados Unidos, Al Gore.

Utilizando-se de uma narrativa simples e gráficos de fácil compreensão, Al Gore busca explicar a relação existente entre o aumento de temperatura e os níveis de dióxido de carbono na atmosfera.

O filme ganhou o Oscar de melhor documentário e vários outros prêmios, e criou no imaginário popular um sentimento de medo em relação ao clima e seus efeitos sobre o homem. Diversas vezes, após o lançamento dessa obra, qualquer fenômeno climático atípico passou a ser atribuído às mudanças no clima.

Se, por um lado, popularizou-se uma discussão que até então acontecia apenas dentro do mundo científico; por outro, viu-se aumentar gradativamente os investimentos e as políticas voltadas para esse tema, ainda que tal teoria até hoje seja amplamente debatida, tanto em termos de aceitação quanto de origem e consequência.

6.2 Um olhar crítico sobre a teoria das mudanças climáticas antrópicas

Observamos ao longo deste capítulo que as pesquisas envolvendo mudanças no clima caminham de forma intensa e relativamente distribuídas. As alterações climáticas são tratadas como uma realidade e suas consequências, em muitos casos, são tomadas como definitivas, de modo que as políticas já se encontram mais no âmbito da mitigação e da adaptação do que propriamente em relação à formulação dos cenários e diagnóstico da situação atual.

Analisaremos neste capítulo alguns aspectos e críticas que, a princípio, impedem-nos de assumir as mudanças climáticas antrópicas como uma verdade absoluta e nos fazem tratá-la ainda como teoria.

Vamos, então, elaborar algumas questões para refletir sobre a teoria das mudanças climáticas.

Um dos principais argumentos dos críticos à teoria das mudanças climáticas está na formação química da atmosfera. Em volume de massa, teríamos 75,35% da atmosfera composta pelo gás nitrogênio (N_2), 23,07% por oxigênio, 1,28% por argônio, 0,33% por vapor d'água. O dióxido de carbono, indicado como principal responsável pelo Efeito Estufa, representa apenas 0,054% do total do volume atmosférico.

Se pegássemos um montante de 10 mil moléculas da atmosfera, apenas cinco seriam de dióxido de carbono. Observando o aumento anual da concentração desse gás, teríamos de uma a duas e meia molécula a mais de dióxido de carbono para cada 1 milhão de moléculas na atmosfera (Maruyama, 2009).

Os níveis de dióxido de carbono de fato não deixam de crescer; embora em alguns anos reduções específicas tenham sido observadas, a tendência geral nos últimos 50 anos tem sido de aumentos de até 2,5 ppm por ano, como aponta a Figura 6.2.

Figura 6.2 – Crescimento médio anual, por década, da concentração de CO_2

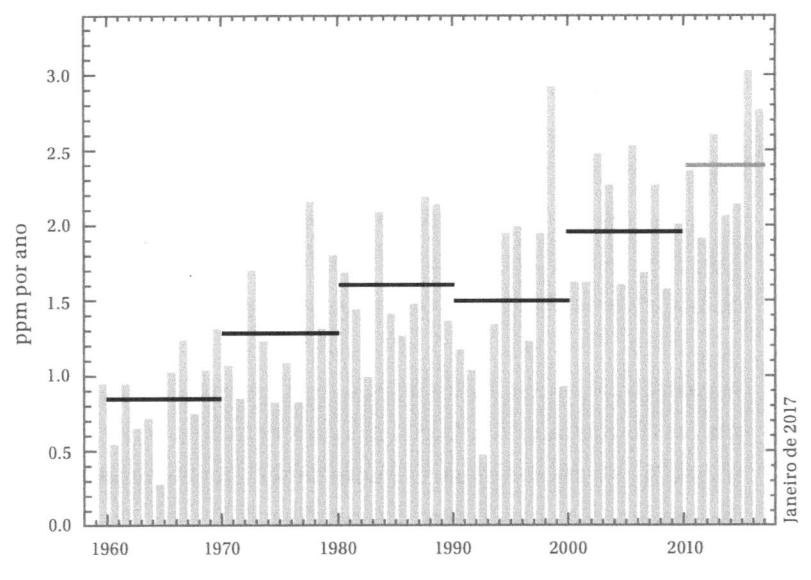

Fonte: ESRL; NOAA; GMD, 2019.

Os dados de concentração de dióxido de carbono coletados em uma estação em Mauna Loa, no Havaí, desde os anos 1960, foram estratégicos, já que a interferência de cidades e meios de transporte sobre os valores aqui são muito baixas, possibilitando a extrapolação dos valores encontrados a uma realidade global, isto é, considerou-se que os valores coletados na estação podem ser aplicados para o cenário global como um todo.

O fato é que, apesar de esses dados terem demonstrado um crescimento expressivo nos últimos 50 anos, é difícil afirmar que esse fato interferirá na dinâmica do Efeito Estufa atmosférico da maneira que se supõe. Seria possível afirmar que o crescimento da concentração de um gás que não representa nem 0,5% do volume atmosférico faria tamanha modificação nas temperaturas?

Outra questão a se analisar é a ausência de dados de concentração de gás carbônico atmosférico anterior aos anos 1960. Imagina-se que, após a Revolução Industrial no fim do século XVIII, quando as emissões oriundas da queima de combustíveis fósseis passaram a aumentar gradativamente, houve um aumento na concentração de CO_2. Esse aumento se estendeu à temperatura?

Apesar de já termos registros de temperatura a partir do século XIX, os registros oficiais de dióxido de carbono inexistiam nessa época e dificultam a comprovação estatística dessas teorias.

Na busca por dados mais antigos, cientistas americanos e russos extraíram testemunhos de gelo de uma estação de pesquisa em Vostok, na Antártida. O gelo nas regiões polares se forma pelo acúmulo de camadas anuais de neve, assim, quanto mais profunda a perfuração, mais antigo o gelo formado.

As propriedades físicas do gelo e do material preso às amostras é suficiente para os cientistas estimarem valores de dióxido de carbono e temperaturas por longos períodos de tempo. No caso dos cilindros perfurados em Vostok, eles estavam a uma profundidade de quase 3.800 metros e possibilitaram aos cientistas estimar as concentrações desse elemento e a temperatura dos últimos 800 mil anos (Barnola et al., 2003).

Os primeiros estudos indicavam uma nítida relação entre o dióxido de carbono e o aumento de temperaturas, todavia, com análises de novas amostras, passou-se a contestar a teoria de que esse elemento induziria o aquecimento, atestando que, na realidade, o aquecimento é que leva ao aumento da concentração gás (Barnola et al., 1991).

Esses estudos têm demonstrado ainda uma maior correlação entre a atividade solar e o aumento de temperaturas. Segundo Lean, Beer e Bradley (1995), a reconstrução de dados paleoclimáticos de radiação solar e temperatura indicam que a atividade do Sol é responsável por mais da metade da oscilação das temperaturas entre 1619 e a época atual, tirando o peso da concentração de dióxido de carbono e, por consequência, da ação humana.

Essas informações servem de alerta para que a criticidade em relação às afirmativas comuns sobre as mudanças climáticas não diminuam e os questionamentos sobre essa teoria mantenham-se elevados.

Pode-se assumir que o clima está se modificando, e isso sempre ocorreu. A velocidade com que as mudanças acontecem é tratada como novidade, mas a ausência de dados impede que se afirme que isso nunca ocorreu antes.

O crescimento de aglomerações e ocupações humanas, aliado à maior acurácia na coleta de dados nos faz receosos sobre o futuro das pesquisas em mudanças no clima, todavia, ainda existe um longo caminho a ser percorrido pela ciência até que a causa das mudanças climáticas possa verdadeiramente ser dirigida ao ser humano.

6.3 Técnicas e metodologias para observar tendências e variabilidades no clima das cidades

Um dos principais eixos da discussão sobre as mudanças climáticas está na diferenciação entre *variabilidade climática* e *mudança climática*. Além dessas definições é necessário conceituarmos **anomalias** e **tendências**.

Por *variabilidade climática* entendemos a flutuação ou a oscilação natural de variáveis meteorológicas em torno de um parâmetro considerado normal em determinada localidade. Considera-se *parâmetro normal* as normais climatológicas do local utilizado, ou seja, os valores meteorológicos médios desse local a partir de 30 anos de dados. Depois de construído esse parâmetro normal, pode-se, então, observar como os fatores mudam em seu entorno, possibilitando a análise da variabilidade climática (Pinheiro, 2016).

A partir de um grande período de dados coletados, é possível então partir para os cálculos estatísticos de tendência e observar se tal série tem tendência positiva, negativa ou nula. No âmbito dos dados climáticos, como temperatura e chuva, utiliza-se e recomenda-se o teste estatístico de Mann-Kendall para visualizar a força e a direção das tendências observadas. Esse teste não paramétrico não é influenciado por modificações abruptas ou séries pouco homogêneas, o que o torna ideal para tais variáveis (Mann, 1945; Kendall, 1975; Salviano; Groppo; Pellegrino, 2016).

As **mudanças climáticas** em escala local são mensuradas por meio da análise de séries históricas de variáveis meteorológicas, a exemplo da temperatura do ar e da precipitação pluvial. No Gráfico 6.1, é possível observar dados anuais de chuva para o período de 1961 até 2017 na cidade de Belo Horizonte, Minas Gerais. Nesse gráfico, estão indicados o valor médio de precipitação anual para o período (1.497 mm) e uma linha de tendência linear que mostra um leve aumento no volume de chuvas em comparação ao período todo.

Anomalia, por sua vez, refere-se a uma variação extrema e isolada em uma série climática.

Gráfico 6.1 – Precipitação anual em Belo Horizonte (MG) no período de 1961-2017

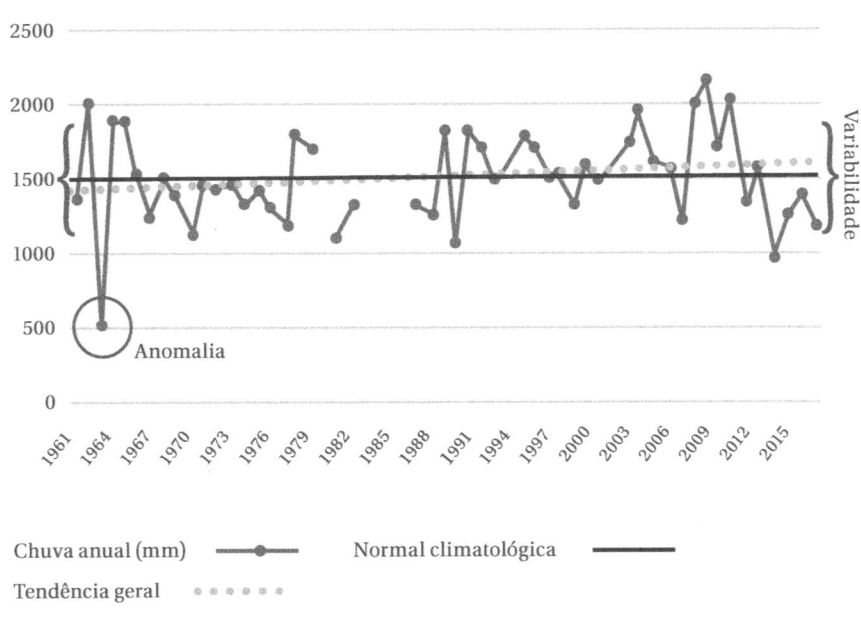

Chuva anual (mm)   Normal climatológica
Tendência geral

Fonte: Elaborado em base em Banco de Dados Meteorológicos para Ensino e Pesquisa, 2018.

De acordo com as tendências, é possível observar a ocorrência ou não de mudanças no clima. Para melhor quantificar essa questão, a Organização Meteorológica Mundial (OMM) construiu índices de detecção de mudanças climáticas. Ao todo, foram definidos 27 índices, sendo 11 para precipitação e 16 para temperatura do ar (Peterson, 2001).

Dentre os índices estão, por exemplo, a mensuração de dias secos contínuos, dias úmidos contínuos, quantidade máxima de precipitação em cinco dias, temperaturas máximas anuais, número de dias com precipitação acima de 10 mm, número de dias por ano com temperaturas acima de 25 °C, entre outros. A OMM disponibilizou plataformas para o cálculo de tal índices, disseminando-os como principal ferramenta de observação para mudanças climáticas globais.

O exemplo que trouxemos anteriormente, retrata ainda o que se entende por *variabilidade climática* e por *anomalia*. À primeira vista, por meio do cálculo de tendência seria possível afirmar que o clima, ou pelos no âmbito da chuva, estaria se modificando.

Contudo, partindo do pressuposto de que uma mudança climática implicaria na alteração da média analisada, faltam-nos elementos para realizar a afirmação anterior, visto que a mudança no clima depende de sua escala de análise, como mostra o Gráfico 6.2.

Desde 1961, a tendência que se observa é de um aumento de chuvas; contudo, apenas em dados dos últimos dez anos a tendência se alterou bruscamente, indicando uma diminuição nas chuvas. Isso também não poderia ser considerado uma mudança no clima?

A definição da escala temporal de análise é, portanto, um dos grandes problemas das pesquisas sobre as mudanças no clima. Outro problema, que é também consequência daquele, é a ausência de séries de dados temporais longas o suficiente para se afirmar que o clima está ou não se modificando. Em termos de mudanças climáticas globais, conta-se hoje com registros que, na melhor das hipóteses, tiveram início na metade do século XIX, portanto, há pouco mais de 150 anos. Trata-se de um período considerado muito curto para se mensurar a influência humana no clima.

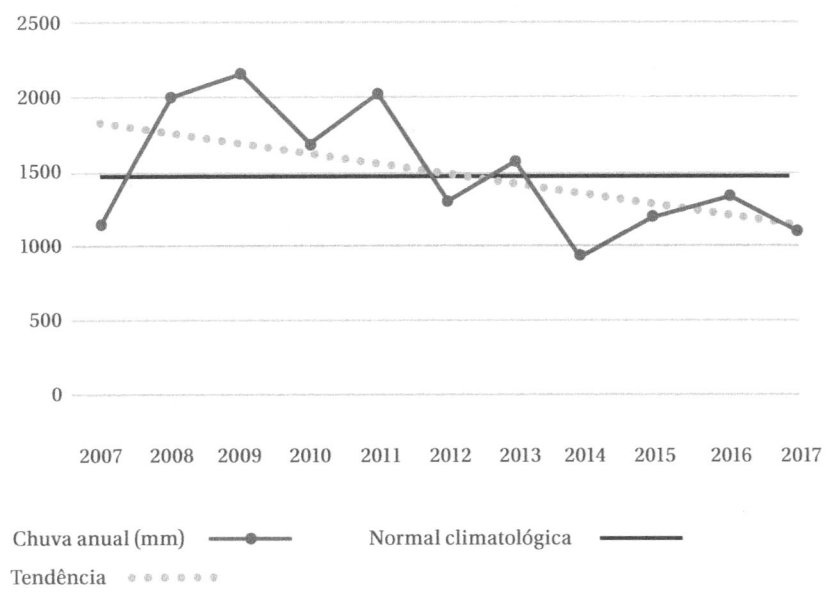

Gráfico 6.2 – Precipitação anual em Belo Horizonte (MG) – 2007-2017

Chuva anual (mm) ●
Normal climatológica ▬
Tendência ○ ○ ○ ○ ○ ○

Fonte: Elaborado em base em Banco de Dados Meteorológicos para Ensino e Pesquisa, 2018.

Aliado a isso há o fato de que não existem parâmetros anteriores que nos possibilitem dizer como era o clima séculos antes e com a devida precisão, o que impossibilitaria uma comparação fidedigna. Mesmo para as séries atuais, existem também problemas de ordem metodológica na coleta de dados. Os equipamentos utilizados hoje são muito mais complexos e detalhados do que aqueles usados há 150 anos, então, seria metodologicamente correto fazermos essa comparação?

Outro problema ilustrado pelo Gráfico 6.1 é a baixa qualidade das informações que existem à disposição. Se, para Belo Horizonte, uma das principais cidades brasileiras, já há hiatos de até três anos de dados, é possível que, para cidades menores, haja ainda menos informações.

6.4 Possíveis efeitos das mudanças climáticas nas cidades

As cidades serão as maiores afetadas pelas mudanças no clima, mas também são as grandes agentes para essas mudanças, como mostra seu papel nas emissões de 70% dos gases do efeito estufa (UN CC: Learn, 2016). Por tais questões, e pelo fato de que mais da metade da população global vive em cidades, a relação entre estas e as mudanças no clima vem sendo cada vez mais discutida e estudada.

O último relatório do IPCC, lançado em 2014, dedica um capítulo inteiro à discussão sobre o papel das cidades nesse fenômeno climático, tanto como causador quanto como impactado. Acerca dos impactos, podemos citar, segundo tal relatório: aumento na temperatura; escassez de água; aumento de ressacas, elevação do nível do mar, inundações e, como consequência direta, aumento das enfermidades ligadas ao clima, como doenças hídricas (dengue, leptospirose, entre outras).

Os cenários apontam, de acordo com os mais recentes modelos, que as aglomerações urbanas até o ano de 2025 serão expostas a, no mínimo, um aumento de 2 °C em suas médias, isso sem considerar os efeitos das ilhas de calor urbanas, como aponta a Figura 6.3.

As ondas de calor também apresentam uma tendência para o aumento nos cenários do órgão, tanto em intensidade quanto temporalmente, causando sucessivas elevações nos problemas de saúde relacionados ao calor (IPCC, 2014; Hajat; O'Connor; Kosatsky, 2010).

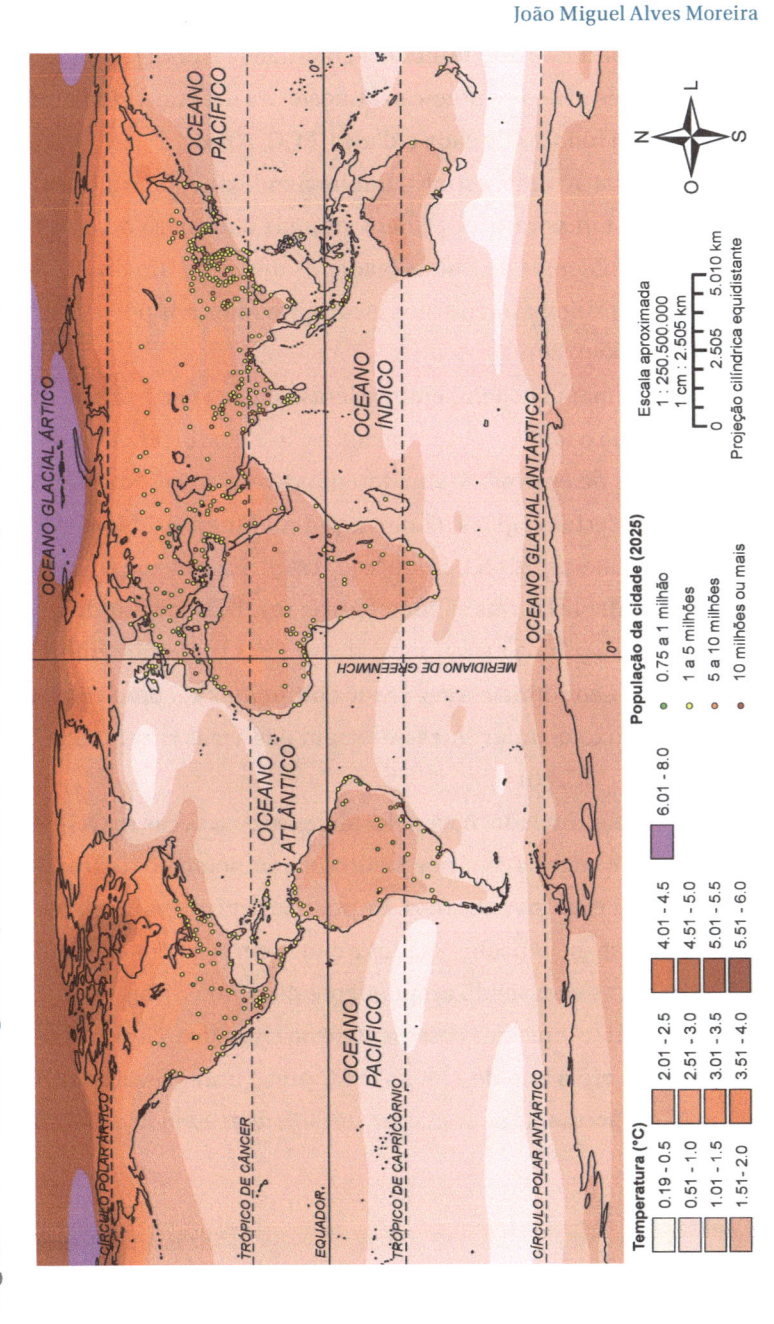

Figura 6.3 – Grandes aglomerações urbanas e o aumento nas temperaturas indicado pelos cenários para 2025

João Miguel Alves Moreira

Temperatura (°C)
- 0,19 - 0,5
- 0,51 - 1,0
- 1,01 - 1,5
- 1,51 - 2,0
- 2,01 - 2,5
- 2,51 - 3,0
- 3,01 - 3,5
- 3,51 - 4,0
- 4,01 - 4,5
- 4,51 - 5,0
- 5,01 - 5,5
- 5,51 - 6,0
- 6,01 - 8,0

População da cidade (2025)
- 0,75 a 1 milhão
- 1 a 5 milhões
- 5 a 10 milhões
- 10 milhões ou mais

Escala aproximada
1 : 250.500.000
1 cm : 2.505 km

0 2.505 5.010 km

Projeção cilíndrica equidistante

Fonte: IPCC, 2014.

A demanda de energia para resfriamento artificial por meio de ar-condicionado também será intensa e poderá causar a elevação nos níveis de poluição atmosférica urbana, a depender das fontes geradoras de cada cidade (IPCC, 2014).

Por outro lado, estudos também indicam que o aumento médio nas temperaturas poderá atenuar o número de enfermidades e problemas de saúde ligados às ondas de frio durante os invernos, principalmente nos locais próximos aos polos (Mideksa; Kallbekken, 2010).

O aumento na temperatura terá influência no balanço hídrico, alterando o total de evapotranspiração e modificando também os padrões de chuvas. Assim, teremos eventos de seca mais intensos em certas regiões, como as porções mais áridas do Oriente Médio (Gleick, 2014; Le Houérou, 1996). Essa elevação na temperatura afetará diretamente as áreas rurais, impactando a produtividade agrícola nessas localidades, mas indiretamente afetará ainda a economia e a segurança alimentar e, como consequência, o fluxo de migrantes que saem das áreas rurais rumo às cidades (IPCC, 2014).

Se, por um lado, haverá localidades com secas mais intensas; por outro, alguns cenários predizem o aumento no volume de chuvas e em eventos extremos. As políticas envolvendo adaptação e mitigação de impactos ligados à chuva em cenários de mudanças climáticas vêm sendo amplamente discutidas, pois será um dos principais problemas desse fenômeno climático. Nos cenários modelados até o ano de 2100, o IPCC prevê uma elevação nos volumes de chuva que pode chegar até 60%, dependendo da localidade.

Mudanças abruptas assim causarão um aumento significativo de desastres como enchentes, inundações e alagamentos, e requererão especial atenção do poder público no sentido de realizar de obras de drenagem e de elaboração de políticas públicas de adaptação (Lwasa, 2010).

Ainda sobre os riscos diretos, o aumento no nível dos mares é um dos efeitos primários mais estudados e divulgados no que tange à mudança de temperaturas. Isso se dá em razão do grande percentual de cidades e populações que vivem e se desenvolvem em áreas costeiras do mundo inteiro.

O último relatório do IPCC aponta uma elevação de 26 cm a 98 cm nos níveis médios dos oceanos até 2100. Mais do que apenas um aumento nos níveis dos mares, isso indica problemas com erosão costeira e aumento de eventos extremos, como furacões – por exemplo, alguns eventos atuais, como o furacão Sandy, que em 2012 atingiu a costa leste dos EUA, já é visto como consequência das alterações climáticas promovidas pelo homem.

O arquipélago de Tuvalu, na Oceania, mostrado na Figura 6.4, tornou-se um exemplo clássico do efeito do aumento do nível do mar sobre as sociedades. Com pouco mais de 12 mil de habitantes, o ponto mais alto da ilha fica a cerca de 5 m acima do nível do mar, fato que impossibilitaria qualquer tentativa de fuga em caso de aumento no nível do mar e tornaria seus cidadãos os possíveis primeiros refugiados por mudanças climáticas (Mortreux; Barnett, 2009).

Figura 6.4 – Linha costeira em Tuvalu ameaçada pelo aumento no nível do mar

6.5 E no Brasil? Efeitos e políticas voltados para mudanças climáticas nas cidades brasileiras

A pesquisa sobre mudanças climáticas no Brasil é realizada pelo órgão oficial Painel Brasileiro de Mudanças Climáticas (PBMC), criado em 2009 pelos Ministérios da Ciência e Tecnologia e do Meio Ambiente. Essa entidade tem, atualmente, os pesquisadores Dra. Suzana Kahn Ribeiro, da UFRJ, e Dr. Carlos Nobre, do

Instituto Nacional de Pesquisas Espaciais (INPE), como presidentes do comitê científico e do conselho diretor, respectivamente.

Essa instituição, assim como o IPCC, vem publicando documentos com dados, informações e pesquisas acerca da realidade e dos cenários no Brasil diante das mudanças no clima, sendo que o último relatório teve sua mais recente atualização em 2016.

Ainda em 2016, o PBMC publicou um relatório em formato especial abordando especificamente o tema das mudanças climáticas e as cidades. Esse documento aponta elevação de temperaturas em distintos níveis ao longo do país e também modificações nos padrões de chuva. Nesse relatório, hipotetiza-se que o volume de chuvas não se altere, todavia, os padrões de intensidade poderão se modificar, de modo que a ocorrência de chuvas extremas tem se mostrado uma tendência.

Ao longo do relatório, os autores apontam que a situação de vulnerabilidade social amplamente observada no Brasil é um fator que terá impacto nas alterações causadas por mudanças climáticas, pois o país apresenta infraestruturas muito frágeis em seus sistemas urbanos.

O relatório lista ainda grupos de infraestrutura urbana que sofrerão consequências diretas dos cenários levantados para mudanças no clima. São eles: energia, transportes, edificações, resíduos sólidos e recursos hídricos. Os impactos nessas estruturas são, por vezes, complementares e se intercalam.

No âmbito da produção de energia, o fato de a matriz energética brasileira ser pautada em hidroenergia a torna vulnerável, caso haja alteração nos padrões de chuva. Os relatórios e as pesquisas do IPCC têm alertado para uma diminuição de até 22% nos padrões de chuva na Região Nordeste no Brasil, o que afetará diretamente a produção de energia no local.

A modificação nos padrões de distribuição de chuva também deve ser pensada pelos gestores. Os cenários para a Região Sul e Sudeste preveem um aumento no volume de chuvas e de eventos extremos, podendo causar intervalos maiores de seca e situações em que o volume de água seja mais abundante.

Unem-se a essas situações cenários em que a demanda por energia crescerá em função da necessidade de sistemas de resfriamento como ares-condicionados, por exemplo, fruto do aumento em temperaturas, ressaltando a necessidade de um replanejamento no sistema energético do país.

No âmbito dos **transportes**, as modificações nos padrões de chuva e temperatura poderão causar danos ou interrupções nas infraestruturas existentes com maior frequência, o que, por consequência, afetará diretamente a mobilidade e a economia do país (Ribeiro; Santos, 2016).

Pensando no aumento do nível dos mares e que boa parcela das grandes cidades brasileiras se encontra perto da costa, há de se pensar, por exemplo, na realocação de vias e estradas nessa região, pois as ressacas se tornarão mais frequentes e a erosão costeira causará graves impactos a essas estruturas.

No âmbito das habitações, por exemplo, o relatório ressalta que em grandes metrópoles como São Paulo, Rio de Janeiro, Belo Horizonte e Recife existe uma elevada concentração populacional vivendo em encostas com mais de 70 graus de declividade, como observamos na Figura 6.5. Se, na situação atual, essas populações já se encontram com alto nível de vulnerabilidade, em cenários futuros, em que chuvas extremas serão mais frequentes, esses níveis serão ainda mais elevados (Ribeiro; Santos, 2016).

Figura 6.5 – Ocupação urbana em encostas no Rio de Janeiro

Tero Hakala/Shutterstock

Além disso, eventos como alagamentos e inundações também serão mais recorrentes, contribuindo para o aumento da vulnerabilidade em populações que já vivem nas áreas de risco. Deslizamentos e desabamentos serão mais frequentes em razão das chuvas, principalmente em estados das Regiões Nordeste e Sudeste, que são os que mais sofrem com tais eventos na atualidade (Ribeiro; Santos, 2016).

Outro ponto que devemos ressaltar é o **conforto térmico**. As populações de alto nível de vulnerabilidade social serão as que mais sofrerão com transtornos ligados à temperatura, seja calor, seja frio. Em cenários de aumento de temperatura, problemas dessa ordem serão mais frequentes (Dumke, 2007).

Os transtornos relacionados aos resíduos sólidos também são citados por esse relatório, atrelando-os a problemas de drenagem e de recursos hídricos enfrentados atualmente pelas cidades e intensificados pelas mudanças no clima.

O aumento em chuvas extremas poderá afetar diretamente a coleta e a disposição dos resíduos, elevando a exposição dos citadinos aos dejetos e gerando graves consequências à saúde humana (Monteiro, 2011).

Há ainda a situação dos recursos hídricos próximos à drenagem urbana. Supondo uma projeção de aumento na população, o relatório adverte sobre a necessidade de o Poder Público investir em pesquisas que busquem determinar como as mudanças climáticas afetarão os ciclos hídricos de localidades em maior nível de detalhes, de modo que as políticas de mitigação ou adaptação possam ser realizadas com maior eficácia.

O relatório indica uma série de sugestões por parte do Poder Público no sentido de ações a serem tomadas no âmbito das mudanças climáticas, ressaltando-o como principal agente responsável pelas medidas sugeridas.

De fato, o Poder Público tem papel-chave no desenvolvimento de políticas que tornem o Brasil um país preparado para enfrentar os cenários que se desenham para o clima global.

A primeira política pública do país no que compete às mudanças climáticas foi implementada em 1994, como consequência dos tratados assinados na Conferência da ONU Rio-92. Assim, foi criada a Coordenadoria de Mudanças Climáticas como parte do Ministério da Ciência e Tecnologia. No fim dessa década, em 2000, houve a criação do Fórum Brasileiro para Mudanças Climáticas, um marco para as políticas públicas brasileiras nessa área (Martínez, 2016).

Desde então, muito se avançou com a criação da Política Nacional sobre Mudanças no Clima em 2009. Como aponta Martínez (2016, p. 153):

> A lei da PolNCM (BRASIL, 2009) estabelece seus princípios, objetivos, diretrizes e instrumentos. Inicia-se com a definição de conceitos-chave – como GEE, MC e emissões – alinhados às adotadas em esfera internacional e estabelece os princípios pelos quais se deve guiar – notadamente o desenvolvimento sustentável, distribuição equitativa de ônus e encargos dentre a sociedade, prevenção e minimização das causas da MC e consideração e integração das ações tomadas em âmbitos estadual e municipal.
>
> Os seus objetivos são amplos e abarcam grande parte dos subtemas climáticos, com ênfase na compatibilização do crescimento e desenvolvimento econômicos com o desenvolvimento sustentável e a proteção de recursos ambientais e áreas protegidas. Mitigação, adaptação e o estímulo ao Mercado Brasileiro de Redução de Emissões (para a negociação de créditos de carbono) também figuram dentre as metas.

Por mais complexas que sejam as questões referentes às mudanças climáticas, o fato é o que clima se mostra como um fenômeno de extrema dinamicidade e que, portanto, deve ser estudado com muito afinco em ambientes transdisciplinares, visando não apenas evitar os seus agravos, mas compreender sua fluidez e estabelecer formas mais saudáveis e corretas de convívio com a forma como atmosfera se apresenta às sociedades.

Evitar mudanças climáticas não é algo simples, uma vez que perpassa uma revisão ampla e profunda de alguns valores há muito tempo enraizados em nossa sociedade capitalista industrial.

Síntese

Estudos recentes indicam que o aumento nas emissões de dióxido de carbono provenientes da queima de combustíveis fósseis estão causando a elevação nas temperaturas globais. Com divulgação ampla e popular, a ideia de que o homem é o responsável pelo atual cenário de mudanças no clima tornou-se uma verdade, apesar de várias pesquisas e dados que criticam essa teoria.

Os métodos estatísticos têm apontado elevação das temperaturas e modificações nos parâmetros de distribuição e intensidade das chuvas em locais do mundo todo.

Por suportarem mais da metade da população mundial, é nas cidades que os maiores impactos são observados. Fala-se no aumento de secas em algumas regiões e no aumento de eventos extremos de chuva em outras, o que pode gerar problemas de saúde e abastecimento. A elevação nos níveis do mar também é outra realidade esperada, o que causará inúmeros transtornos em cidades brasileiras cuja urbanização é pautada no litoral.

As políticas no âmbito das mudanças climáticas no Brasil surgiram em 1994 e, desde então, muitos avanços, investimentos e grupos de pesquisa foram criados no sentido de se estabelecerem políticas públicas de mitigação e adaptação em relação aos problemas causados pelos impactos na mudança do clima brasileiro.

A aceitação da teoria das mudanças climáticas antrópicas como verdade absoluta, contudo, ainda deve ser evitada, pois há o aporte científico de trabalhos que trazem uma série de outros aspectos aquém da ação humana para justificar o arrefecimento do planeta.

Atividades de autoavaliação

1. (Brasil Escola, 2016) As mudanças climáticas estão ocorrendo e já é possível notar algumas modificações que provavelmente relacionam-se com a ação do homem. Assim sendo, são necessárias ações urgentes para que nosso impacto no meio ambiente seja reduzido. Analise as alternativas abaixo e marque aquela que não indica uma forma de deter o avanço das mudanças climáticas:
    a) Realizar técnicas na agricultura que evitam a emissão de carbono.
    b) Criar programas de reflorestamento, principalmente em áreas urbanas.
    c) Aumentar o uso de combustíveis fósseis.
    d) Realizar frequentemente a regulagem dos carros.
    e) Realizar consumo consciente.

2. (Brasil Escola, 2016) Muitas pessoas acreditam que as mudanças climáticas afetam exclusivamente a temperatura do planeta, que se torna mais quente. Entretanto, muitas vezes, essas pessoas esquecem que, ao aumentar a temperatura, uma série de organismos e ecossistemas são gravemente afetados. Observe as alternativas abaixo e marque a única que não é uma consequência da alteração da temperatura do planeta:
    a) Diminuição da biodiversidade.
    b) Alterações do regime de chuvas.
    c) Secas prolongadas.

d) Aumento da frequência de terremotos.
e) Aumento de doenças respiratórias.

3. (Enem, 2006) Com base em projeções realizadas por especialistas, prevê-se, para o fim do século XXI, aumento de temperatura média no planeta entre 1,4 °C e 5,8 °C. Como consequência desse aquecimento, possivelmente o clima será mais quente e mais úmido, bem como ocorrerão mais enchentes em algumas áreas e secas crônicas em outras. O aquecimento também provocará o desaparecimento de algumas geleiras, o que acarretará o aumento do nível dos oceanos e a inundação de certas áreas litorâneas.
   As mudanças climáticas previstas para o fim do século XXI:
   a) provocarão a redução das taxas de evaporação e de condensação do ciclo da água.
   b) poderão interferir nos processos do ciclo da água que envolvem mudanças de estado físico.
   c) promoverão o aumento da disponibilidade de alimento das espécies marinhas.
   d) induzirão o aumento dos mananciais, o que solucionará os problemas de falta de água no planeta.
   e) causarão o aumento do volume de todos os cursos de água, o que minimizará os efeitos da poluição aquática.

4. Com o intuito de compreender o que de fato são as mudanças climáticas, diferenciamos, neste capítulo, os conceitos estatísticos de variabilidade climática, anomalia climática e mudança climática. A esse respeito, assinale a alternativa correta:
   a) As mudanças climáticas são conjuntos de anomalias que se tornam mais frequentes.
   b) A variabilidade climática é uma variação extrema e isolada em uma série climática.

c) Com apenas um ano de dados climáticos coletados é possível observar a variabilidade climática de determinado local.

d) Para se entender o que é variabilidade climática, existe a necessidade de se estabelecer a normal climatológica do lugar estudado.

5. Debatendo sobre as críticas acerca das teorias sobre as mudanças climáticas oriundas de atividade humana, apresentamos os cilindros de Vostok como argumento tanto para defesa quanto para crítica a teoria do IPCC. A esse respeito, assinale a alternativa correta:

a) São cilindros de gelo extraídos da superfície gelada do Polo Sul.

b) Esses cilindros contêm micro-organismos pré-históricos preservados em estado criogênico que podem indicar a temperatura média da atmosfera terrestre há milhões de anos.

c) A presença de dióxido de carbono, a princípio, poderia dar indícios de como era o clima da Terra ao longo de várias eras geológicas.

d) São cilindros de gelo que comprovam matematicamente que o homem está modificando o clima da Terra.

Atividades de aprendizagem

Questões para reflexão

1. Vimos ao longo deste capítulo dois conceitos que comumente se confundem: variabilidade climática e mudança climática. Conceitue-os indicando até dois pontos em que se diferenciam.

2. Objetivamos neste capítulo abordar a questão das mudanças climáticas para o espectro urbano. Ao longo do estudo, observamos que as origens das mudanças climáticas ainda devem ser muito discutidas sob o ponto de vista científico. A esse respeito, mostre dois argumentos que apontam que as mudanças climáticas são causadas pelo homem e outros dois que apontem as mudanças climáticas como um fenômeno natural.

Atividade aplicada: prática

1. Assista ao documentário "Uma verdade inconveniente" e verifique as concepções apresentadas no decorrer do capítulo. Mantenha uma postura crítica perante os relatos e aponte considerações que comprovem, segundo a sua opinião, as mudanças climáticas.

    UMA VERDADE INCONVENIENTE. Direção: Davis Guggenheim. EUA: Paramount Pictures, 2006. 98 min.

Considerações finais

O estudo do clima urbano é um amplo campo científico e vem se fortalecendo nos últimos anos como uma das principais áreas de pesquisa no âmbito da climatologia geográfica.

É importante salientarmos a complexidade dessa área de pesquisa porque, por vezes, as cidades contemporâneas são capazes de, com toda sua magnitude, alterar intensamente o clima e o ambiente que a cerca.

Essa é uma área do saber em que se expressam de maneira bem claras as relações entre o homem, enquanto indivíduo e sociedade, e o meio ambiente ao seu redor.

Você pôde observar ao longo da obra as relações entre o desenvolvimento e as alterações do clima de uma cidade e as questões sociais, econômicas e políticas ligadas ao planejamento e à produção do espaço urbano, demonstrando, assim, seu caráter geográfico.

Como já muito ressaltado, é nas cidades que vive a maior parte da população mundial. Esses números seguem crescendo e reafirmam um fato que não aparenta ter volta ou mudanças: o de que vivemos em um planeta urbano.

Por meio de exemplos, você constatou as boas e as más práticas no âmbito das gestões públicas. Estas corroboram ou não para a formação desse clima específico em cidades, concretizando a necessidade do estabelecimento de pesquisas de cunho mais amplo, que saem do espectro puramente físico do clima e compreendem também os fatores humanos por trás da problemática aqui abordada.

Foi possível ainda debatermos algumas das principais teorias e seus embasamentos, assim como a necessidade da acurácia das técnicas estatísticas para cada subcampo da climatologia urbana.

A necessidade de pesquisas que integrem ambos os aspectos é também uma das grandes dificuldades nesse campo, que vem apresentando grandes avanços no âmbito das técnicas, mas menos na esfera das discussões político-filosóficas.

Assim, este livro foi pensado com o intuito de despertar em você, leitor, este olhar integrador e holístico que a geografia consegue propiciar e que é de suma importância na luta por ambientes urbanos mais saudáveis e ambientalmente amigáveis.

Esta obra, de caráter introdutório, atesta também a necessidade de você buscar novas referências para maior aprimoramento e aprofundamento nesse campo que se mostra muito mais amplo e carente de estudos do que uma primeira ideia poderia sugerir.

Referências

ABIKO, A. K.; ALMEIDA, M. A. P. de; BARREIROS, M. A. F. **Urbanismo**: história e desenvolvimento. Texto técnico, Universidade de São Paulo, São Paulo, 1995. Disponível em: <http://www.pcc.usp.br/files/text/publications/TT_00016.pdf>. Acesso em: 2 out. 2019.

AKBARI, H.; MATTHEWS, H. D. Global Cooling Updates: Reflective Roofs and Pavements. **Energy and Buildings**, v. 55, p. 2-6, Dec. 2012.

AKPINAR, E. K.; AKPINAR, S.; ÖZTOP, H. F. Statistical Analysis of Meteorological Factors and Air Pollution at Winter Months in Elaziğ, Turkey. **Journal of Urban and Environmental Engineering**, v. 3, n. 1, p. 7-16, 2009.

ALMEIDA JUNIOR, N. L. de. **Estudo de clima urbano**: uma proposta metodológica. 109 f. Dissertação (Mestrado em Física e Meio Ambiente) – Universidade Federal de Mato Grosso, Cuiabá, 2005. Disponível em: <www.pgfa.ufmt.br/index.php/br/utilidades/dissertacoes/61-nicacio-lemes-de-almeida-junior/file>. Acesso em: 5 dez. 2019.

ALMEIDA, L. Q. de. **Vulnerabilidades socioambientais de rios urbanos**: bacia hidrográfica do rio Maranguapinho – Região Metropolitana de Fortaleza, Ceará. 278 f. Tese (Doutorado em Geografia) – Universidade Estadual Paulista, Rio Claro, 2010. Disponível em: <https://repositorio.unesp.br/handle/11449/104309>. Acesso em: 5 dez. 2019.

ALONSO, C. D.; GODINHO, R. A evolução da qualidade do ar em Cubatão. **Revista Química Nova**, São Paulo, SP, v. 15, n. 2, p. 126-136, 1992. Disponível em: <http://quimicanova.sbq.org.br/imagebank/pdf/Vol15No2_126_v15_n2_%283%29.pdf>. Acesso em: 5 dez. 2019.

ALVES, E. D. L. Ilha de calor urbana em cidade de pequeno porte e a influência de variáveis geourbanas. **Revista Brasileira de Climatologia**, Curitiba, ano 13, v. 20, p. 97-116, jan./jul. 2017.

AMORIM, M. C. C. T. Intensidade e forma da ilha de calor urbana em Presidente Prudente/SP: episódios de inverno. **Geosul**, Florianópolis, v. 20, n. 39, p. 65-82, jan./jun. 2005. Disponível em: <https://periodicos.ufsc.br/index.php/geosul/article/viewFile/13307/12269>. Acesso em: 5 dez. 2019.

____. **O clima urbano de Presidente Prudente/SP**. 383 f. Tese (Doutorado em Geografia) – Universidade de São Paulo, São Paulo, 2000.

ANDRADE, H. A qualidade do ar em Lisboa, valores médios e situações extremas. **Finisterra**, Lisboa, v. 31, n. 61, p. 43-66, 1996. Disponível em: <https://revistas.rcaap.pt/finisterra/article/download/1809/1495/0>. Acesso em: 5 dez. 2019.

ANUNCIAÇÃO, V. S. da. **O clima urbano de Campo Grande-MS**. 143 f. Dissertação (Mestrado em Geografia) – Universidade Estadual Paulista Júlio de Mesquita Filho, São Paulo, 2001.

ARAUJO, R. R. O conforto térmico e as implicações na saúde: uma abordagem preliminar sobre os seus efeitos na população urbana de São Luís-Maranhão. **Cadernos de Pesquisa**, v. 19, n. 3, p. 51-60, set./dez. 2012. Disponível em: <http://www.periodicoseletronicos.ufma.br/index.php/cadernosdepesquisa/article/view/1148/2589>. Acesso em: 5 dez. 2019.

AWAN, M. A. et al. Determination of Total Suspended Particulate Matter and Heavy Metals in Ambient Air of Four Cities of Pakistan. **Iranica Journal of Energy and Environment**, v. 2, n. 2, p. 128-132, 2011.

AYOADE, J. O. **Introdução à climatologia para os trópicos**. Tradução de Maria Juraci Zani dos Santos. São Paulo: Difel, 1986.

AZEVEDO, A. N. de. A Reforma Pereira Passos: uma tentativa de integração urbana. **Revista Rio de Janeiro**, Rio de Janeiro, n. 10, p. 39-79, maio/ago. 2003. Disponível em: <http://www.forumrio.uerj.br/documentos/revista_10/10-AndreAzevedo.pdf>. Acesso em: 5 dez. 2019.

BALAZINA, A. Efeito "cânion urbano" esfria a Paulista. **Folha de S.Paulo**, Cotidiano, 17 ago. 2005. Disponível em: <https://www1.folha.uol.com.br/fsp/cotidian/ff1708200501.htm>. Acesso em: 2 out. 2019.

BARBIRATO, G. M.; BARBOSA, R. V. R.; TORRES, S. C. Articulação entre clima urbano e planejamento das cidades: velho consenso, contínuo desafio. In: CONGRESO INTERNACIONAL CIUDAD Y TERRITORIO VIRTUAL, 8., 2012, Rio de Janeiro. Disponível em: <https://upcommons.upc.edu/bitstream/handle/2099/13345/ARTI%23%23W7.PDF>. Acesso em: 5 dez. 2019.

BARBOSA, J. M. P., Utilização de métodos de interpolação para análise e espacialização de dados climáticos: o SIG como ferramenta, **Caminhos de Geografia**, v. 9, n. 17, p. 85-96, 2006.

BARNOLA, J.-M. et al. CO2-Climate Relationship as Deduced from the Vostok Ice Core: a Re-Examination Based on New Measurements and on a Re-Evaluation of the Air Dating. **Tellus**, v. 43, n. 2, p. 83-90, Apr. 1990.

BARNOLA, J.-M. et al. Historical CO_2 Record from the Vostok Ice Core. In: Trends: A Compendium of Data on Global Change. Carbon Dioxide Information Analysis Center, Oak Ridge National Laboratory, U.S. Department of Energy, Oak Ridge, 2003.

BARNOLA, J.-M. et al. CO2-Climate Relationship as Deduced from the Vostok Ice Core: a Re-Examination Based on New Measurements and on a Re-Evaluation of the Air Dating. **Tellus**, v. 43, n. 2, p. 83-90, Apr. 1991.

BARROS, H. R.; LOMBARDO, M. A. A ilha de calor urbana e o uso e cobertura do solo em São Paulo-SP. **GEOUSP - Espaço e Tempo**, São Paulo, v. 20, n. 1, p. 160-177, jan./abr. 2016. Disponível em: <http://www.revistas.usp.br/geousp/article/view/97783/112921>. Acesso em: 5 dez. 2019.

BARROS, J. R.; ZAVATTINI, J. A. Bases conceituais em climatologia geográfica. **Mercator - Revista de Geografia da UFC**, Fortaleza, ano 8, n. 16, p. 255-261, 2009.

BECKETT, K. P.; FREER-SMITH, P. H.; TAYLOR, G. Urban Woodlands: their Role in Reducing the Effects of Particulate Pollution. **Environmental Pollution**, v. 99, n. 3, p. 347-360, 1998.

BENDER, A. P.; DZIEDZIC, M. Dispersão de poluentes nos eixos estruturais em Curitiba (PR), Brasil. **Engenharia Sanitária Ambiental**, v. 19, p. 31-42, 2014. Disponível em: <http://www.scielo.br/pdf/esa/v19nspe/1413-4152-esa-19-spe-0031.pdf>. Acesso em: 5 dez. 2019.

BERARDI, U.; GHAFFARIANHOSEINI, A.; GHAFFARIANHOSEINI, A. State-of-the-art Analysis of the Environmental Benefits of Green Roofs. **Applied Energy**, v. 115, p. 411-428, Feb. 2014.

BERLAGE, H.-P.; BOURGEOIS, V.; CHAREAU, P. **Declaración de La Sarraz**. 26 jun. 1928. Disponível em: <https://www.e-periodica.ch/cntmng?pid=hab-001:1968:41::1043>. Acesso em: 2 out. 2019.

BRANCO, S. M.; MURGEL, E. **Poluição do ar**. 2. ed. São Paulo: Moderna, 2004.

BRANDÃO, A. M. de P. M. **O clima urbano da cidade do Rio de Janeiro**. Tese (Doutorado em Geografia Física) - Universidade de São Paulo, São Paulo, 1996.

_____. O clima urbano da cidade do Rio de Janeiro. MENDONÇA, F.; MONTEIRO, C. A. F. (Ed.). **Clima urbano**. São Paulo: Contexto, 2003.

BRASIL ESCOLA. **Exercícios sobre diminuição da poluição do ar**. Disponível em: <https://exercicios.brasilescola.uol.com.br/exercicios-geografia/exercicios-sobre-diminuicao-poluicao-ar.htm>. Acesso em: 5 dez. 2019.

BRASIL. Ministério do Meio Ambiente. Conama – Conselho Nacional do Meio Ambiente. Resolução n. 3, de 28 de junho de 1990. **Diário Oficial da União**, Brasília, DF, 22 ago. 1990. Disponível em: <http://www2.mma.gov.br/port/conama/legiabre.cfm?codlegi=100>. Acesso em: 5 dez. 2019.

BRIGGS, D. J. et al. Mapping Urban Air Pollution using GIS: a Regression-Based Approach. **International Journal of Geographical Information Science**, v. 11, n. 7, p. 699-718, 1997.

BRODA, J. Geografia, clima y observacion de la naturaleza em la mesoamérica pre hispânica. In: VARGAS, E. (Ed.). **Las máscaras de la cueva de Santa Ana Teloxtoc**. Mexico: Unam, 1989. p. 35-51.

BROECKER, W. S. Climatic Change: are we on the Brink of a Pronounced Global Warming? **Science**, New Series, v. 189, n. 4201, p. 460-463, Aug. 1975.

BUFFON, E. A. M.; GOUDARD, G.; MENDONÇA, F. A. Gestão de risco de desastres e medidas de adaptação em áreas de inundação urbana em Pinhais, Paraná – Brasil. **Revista Brasileira de Cartografia**, v. 69, n. 4, p. 635-646, abr. 2017. Disponível em: <http://www.seer.ufu.br/index.php/revistabrasileiracartografia/article/view/44324/23406>. Acesso em: 5 dez. 2019.

BUURMAN, J. The Value of Integrating Water Management and Urban Infrastructure, **Vietnam Water Cooperation Initiative Special Session: Urban Innovations for Resilience Cities VACI – UIC**, Vietnam, 2016.

CANHOLI, A. P. **Drenagem urbana e controle de enchentes**. 2. ed.

São Paulo: Oficina de Textos, 2014.

CARLOS, A. F. A. **A cidade**. São Paulo: Contexto, 1992.

CARVALHO, J. W. L. T. **Configuração urbana e balanço hídrico com aplicação do Modelo Aquacycle na Bacia Hidrográfica do Rio Belém – Curitiba/PR**. 136 f. Dissertação (Mestrado em Geografia) – Universidade Federal do Paraná, Curitiba, 2016. Disponível em: <https://acervodigital.ufpr.br/bitstream/handle/1884/45836/R%20-%20D%20-%20JULIANA%20WILSE%20LANDOLFI%20TEIXEIRA%20DE%20CARVALHO.pdf?sequence=1&isAllowed=y>. Acesso em: 5 dez. 2019.

CASSILHA, G. A.; CASSILHA, S. A. **Planejamento urbano e meio ambiente**. Curitiba: Iesde, 2009.

CASTELHANO, F. J.; PINHEIRO, G. M.; ROSEGHINI, W. F. F. Correlação entre precipitação estimada por satélite e dados de superfície para aplicação em estudos climatológicos. Geosul, Florianópolis, v. 32, n. 64, p. 179-192, maio/ago. 2017. Disponível em: <https://www.researchgate.net/publication/329134874_Correlacao_entre_dados_pluviometricos_de_superficie_e_satelites_para_estudos_climatologicos/fulltext/5bf772ec92851ced67d0e797/Correlacao-entre-dados-pluviometricos-de-superficie-e-satelites-para-estudos-climatologicos.pdf>. Acesso em: 5 dez. 2019.

CASTELHANO, F. J.; ROSEGHINI, W. F. F. A questão da escala no ensino de climatologia no ensino fundamental e médio. **Geografia Ensino & Pesquisa**, Santa Maria, RS, v. 20, n. 1, p. 39-50, 2016. Disponível em: <https://periodicos.ufsm.br/geografia/article/view/16399/pdf>. Acesso em: 5 dez. 2019.

_____. A utilização de policloreto de vinila (PVC) na construção de miniabrigos meteorológicos para aplicação em campo. **Revista Brasileira de Climatologia**, Curitiba, PR, v. 11, n. 9, p. 48-55, 2011. Disponível em: <https://revistas.ufpr.br/revistaabclima/article/view/27514/18333>. Acesso em: 5 dez. 2019.

CHANDLER, T. J. **The Climate of London**. Hutchinson of London, 1953. Disponível em: <http://urban-climate.org/documents/TonyChandler_TheClimateOfLondon.pdf>. Acesso em: 2 out. 2019.

CHARLES, L. Perspectives sur L'histoire de la Météorologie et de la Climatologie. **Écologie e Politique**, n. 33, p. 36-52, 2006.

CHRISTOFOLETTI, A. **Modelagem de sistemas ambientais**. São Paulo: Blucher, 1999.

COLTRI, P. P. **Influência do uso e cobertura do solo no clima de Piracicaba, São Paulo**: análise de séries históricas, ilhas de calor e técnicas de sensoriamento remoto. 167 f. Dissertação (Mestrado em Agronomia) – Universidade de São Paulo, Piracicaba, 2006. Disponível em: <https://teses.usp.br/teses/disponiveis/11/11136/tde-25102006-123617/publico/PriscilaColtri.pdf>. Acesso em: 5 dez. 2019.

CORBELLA, O.; YANNAS, S. **Em busca de uma arquitetura sustentável para os trópicos**: conforto ambiental. Rio de Janeiro: Revan, 2003.

CORRÊA, R. L. **O espaço urbano**. 3. ed. São Paulo: Ática, 1995.

CZERNECKI, B. et al. Influence of the Atmospheric Conditions on PM10 Concentrations in Poznan, Poland. **Journal of Atmospheric Chemistry**, v. 74, p. 115-139, 2017.

DALLA CORTE, A. C. **Balanço hídrico em bacia urbana**. 89 f. Dissertação (Mestrado em Engenharia Civil) – Universidade Federal de Santa Maria, Santa Maria, 2015. Disponível em: <https://repositorio.ufsm.br/bitstream/handle/1/7897/DALLA%20CORTE%2C%20ARIELI%20CORREA.pdf?sequence=1&isAllowed=y>. Acesso em: 5 dez. 2019.

DANNI-OLIVEIRA, I. M. **A cidade de Curitiba e a poluição do ar**: implicações de seus atributos urbanos e geoecológicos na dispersão de poluentes em período de inverno. Tese (Doutorado em Geografia) - Universidade de São Paulo, São Paulo, 2000.

DANNI-OLIVEIRA, I. M.; MENDONÇA, F. **Climatologia**: noções básicas e climas do Brasil. São Paulo: Oficina de Textos, 2007.

DERISIO, J. C. **Introdução ao controle de poluição ambiental**. 4. ed. São Paulo: Oficina de Textos, 2012.

DETRANPR - Departamento de Trânsito do Paraná. **Frota de veículos por tipo e município**. 2017. Disponível em: <https://www.denatran.gov.br/component/content/article/115-portal-denatran/8559-frota-de-veiculos-2019.html>. Acesso em: 19 dez. 2019.

DINKU, T. et al. Validation of High-Resolution Satellite Rainfall Products over Complex Terrain in Africa. **International Journal of Remote Sensing**, v. 29, n. 14, p. 4097-4110, Jan. 2008.

DREIFF, C. C. Une brève histoire de l'aménagement de Paris et sa région. Paris: Direction Régionale de l'Équipement d'Ile de France, 2008.

DUMKE, E. M. S. **Clima urbano/conforto térmico e condições de vida na cidade**: uma perspectiva a partir do aglomerado urbano da Região Metropolitana de Curitiba (AU-RMC). 429 f. Tese (Doutorado em Meio Ambiente e Desenvolvimento) - Universidade Federal do Paraná, Curitiba, 2007. Disponível em: <https://acervodigital.ufpr.br/bitstream/handle/1884/12033/Dumke%2c%202007.Tese.pdf?sequence=1&isAllowed=y>. Acesso em: 5 dez. 2019.

EFE. Documentário de jornalista chinesa sobre poluição viraliza na internet. **Exame**, Tecnologia, 3 mar. 2015. Disponível em: <https://exame.abril.com.br/tecnologia/documentario-de-jornalista-chinesa-sobre-

poluicao-viraliza-na-internet/>. Acesso em: 5 dez. 2019.

ELIASSON, I. The Use of Climate Knowledge in Urban Planning. **Landscape and Urban Planning**, v. 48, n. 1, p. 31-44, Apr. 2000.

EPA - United States Environmental Protection Agency. EPA Guidance: Improving Air Quality - through Land Use Activities. EPA's Transportation Air Quality Center, Washington, Jan. 2001.

ESCOURROU, G. **Le climat et la ville**. Paris: Nathan Université, 1991.

ESRL - Earth System Research Laboratory; NOAA - National Oceanic and Atmospheric Administration; GMD - Global Monitoring Division. Annual Mean Growth Rate for Mauna Loa, Hawaii. Disponível em: <https://www.esrl.noaa.gov/gmd/ccgg/trends/gr.html>. Acesso em: 5 dez. 2019.

ESTADÃO. **Chuva faz Rio Tietê transbordar e provoca vários pontos de alagamento**. 23 jan. 2011. Disponível em: <https://sao-paulo.estadao.com.br/noticias/geral,chuva-faz-rio-tiete-transbordar-e-provoca-varios-pontos-de-alagamento,670184>. Acesso em: 2 out. 2019.

ESTEVES, C. J. O. Risco e vulnerabilidade socioambiental: aspectos conceituais. **Cadernos Ipardes**, v. 1, n. 2, p. 62-79, 2011.

ESTEVES, G. R. T. et al. Estimativa dos efeitos da poluição atmosférica sobre a saúde humana: algumas possibilidades metodológicas e teóricas para a cidade de São Paulo. In: ENCONTRO DA ANPPAS, 2., 2004, Indaiatuba. **Anais...** Disponível em: <http://www.anppas.org.br/encontro_anual/encontro2/GT/GT12/gheisa_roberta.pdf>. Acesso em: 5 dez. 2019.

FAULHABER, P. "As estrelas eram terrenas": Antropologia do clima, da iconografia e das constelações Ticuna. **Revista de Antropologia**, São Paulo, v. 47, n. 2, p. 379-426, 2004. Disponível em: <http://www.

scielo.br/pdf/ra/v47n2/a02v47n2.pdf>. Acesso em: 5 dez. 2019.

FERNÁNDEZ, R. La ciudad verde. Teoría de la Gestión Ambiental Urbana. Buenos Aires: Espacio; CIAM, 2000.

FERREIRA, L. G. **A gestão ambiental do polo industrial de Cubatão a partir do programa de controle da poluição iniciado em 1983**: atores, instrumentos e indicadores. 289 f. Dissertação (Mestrado em Saúde Pública) – Universidade de São Paulo, São Paulo, 2007. Disponível em: <https://teses.usp.br/teses/disponiveis/6/6134/tde-20032008-110106/publico/LilianeGarciaFerreira.pdf>. Acesso em: 5 dez. 2019.

GALSTER, J. C. et al. Effects of Urbanization on Watershed Hydrology: the Scaling of Discharge with Drainage Area – comment and reply. **Geology**, v. 34, p. 713-716, sep., 2006.

GARCIA, L. P.; FREITAS, L. R. S. de; DUARTE, E. C. Mortalidade de ciclistas no Brasil: características e tendências no período 2000-2010. **Revista Brasileira de Epidemiologia**, Rio de Janeiro, v. 16, n. 4, p. 918-929, 2013. Disponível em: <http://www.scielo.br/pdf/rbepid/v16n4/pt_1415-790X-rbepid-16-04-00918.pdf>. Acesso em: 5 dez. 2019.

GARTLAND, L. **Ilhas de calor**: como mitigar zonas de calor em áreas urbanas. Tradução de Silvia Helena Gonçalves. São Paulo: Oficina de Textos, 2010.

GEORGII, H. W. The Effects of Air Pollution on Urban Climates. **Bulletins of the World Health Organization**, v. 40, n. 4, p. 624-635, Apr. 1969.

GIVONI, B. Impact of planted areas on urban environmental quality: a review. **Atmospheric Environment**, Oxford, v. 25B, n. 3, p. 289-199, 1991.

GIVONI, B.; BERNER-NIR, E. Expected Sweat Rate as a Function of Metabolism, Environmental factors, and Clothing. Haifa: Rep. UNESCO,

Israel Institute of Technology, 1967.

GLEICK, P. H. Water, Drought, Climate Change, and Conflict in Syria. **American Meteorological Society**, v. 6, p. 331-340, Jul. 2014.

GOBO, J. P. A. **Regionalização climática do Rio Grande do Sul com base no zoneamento do conforto térmico humano**. 207 f. Dissertação (Mestrado em Ciências) – Universidade de São Paulo, São Paulo, 2013. Disponível em: <https://www.teses.usp.br/teses/disponiveis/8/8135/tde-12092013-115803/publico/2013_JoaoPauloAssisGobo_VCorr.pdf>. Acesso em: 5 dez. 2019.

GOITIA, F. C. **Breve história do urbanismo**. Lisboa: Presença, 1992.

GOMES, C. R. G. **Análise da importância da educação ambiental na prevenção das enchentes**: um estudo em Blumenau/SC. 43 f. Monografia (Especialização em Educação Ambiental) – Universidade Federal de Santa Maria, Santa Maria, 2013. Disponível em: <https://repositorio.ufsm.br/bitstream/handle/1/641/Gomes_Carin_Raquel_Grassmann.pdf?sequence=1&isAllowed=y>. Acesso em: 5 dez. 2019.

GONÇALVES, F. T.; NUCCI, J. C. Sistemas de drenagem sustentável (SUDS): propostas para a Bacia do Rio Juvevê, Curitiba-PR. **Ra'ega**, Curitiba, v. 42, p. 192-209, dez. 2017. Disponível em: <https://revistas.ufpr.br/raega/article/view/47043/34143>. Acesso em: 5 dez. 2019.

GONÇALVES, J. C. S.; BODE, K. **Edifício ambiental**. São Paulo: Oficina de Textos, 2015.

GOUIN, T. et al. Passive and Active Air Samplers as Complementary Methods for Investigating Persistent Organic Pollutants in the Great Lakes Basin. **Environmental Scientific and Technology**, v. 39, n. 23, p. 9115-9122, Dec. 2005.

GRAZULEVICIENE, R. et al. Exposure to urban nitrogen dioxide pollution and the risk of myocardial infarction. **Scandinavian Journal of Work, Environmental and Health**, v. 30, n. 4, p. 293-298, 2004.

GREGORY, K. J. **A natureza da geografia física**. Tradução de Eduardo de Almeida Navarro. Rio de Janeiro: Bertrand Brasil, 1992.

GUERRA, E. C. Questão urbana e ambiental em tempos de crise do capital: configurações e particularidades do Brasil contemporâneo. **Revista de Políticas Públicas**, São Luís, número especial, p. 257-267, jul. 2014. Disponível em: <http://www.periodicoseletronicos.ufma.br/index.php/rppublica/article/view/2715/3916>. Acesso em: 5 dez. 2019.

GULIA, S. et al. Urban Air Quality Management: a Review. **Atmospheric Pollution Research**, v. 6, n. 2, p. 286-304, Mar. 2015.

GUTJAHR, M. R. **A poluição do ar em Paulínia (SP)**: uma análise histórico-geográfica do clima. Tese (Doutorado em Geografia) – Universidade de São Paulo, São Paulo, 2003.

HAJAT, S.; O'CONNOR, M.; KOSATSKY, T. Health Effects of Hot Weather: from Awareness of Risk Factors to Effective Health Protection. **Lancet**, v. 6, n. 375, p. 856-863, Mar. 2010.

HANNA, S. R.; BRIGGS, G. A.; HOSKER JR., R. P. Handbook on Atmospheric Diffusion. **Technical Information Center**, U.S. Department of Energy, 1982.

HAROUEL, J. L. **História do urbanismo**. Tradução de Ivone Salgado. São Paulo: Papirus, 1985.

HARVEY, D. **17 Contradições e o fim do capitalismo**. Tradução de Rogério Bettoni. São Paulo: Boitempo, 2016.

HATZAKIS, A. et al. Short-Term Effects of Air Pollution on Mortality in Athens. **International Journal of Epidemiology**, v. 15, n. 1, p. 73-81, Apr. 1986.

HAYWARD, S. J.; GOUIN, T.; WANIA, F. Comparison of Four Active and Passive Sampling

Techniques for Pesticides in Air. **Environmental Science & Technology**, v. 44, n. 9, p. 3410-3416, 2010.

HENDERSON, G. D. Helmut Landsberg and the Evolution of 20th Century American Climatology: Envisioning a Climatological Renaissance. **Wires Climate Change**, v. 8, n. 2, p. 1-14, Mar./Apr. 2017.

HENSCHEL, S. et al. Air Pollution Interventions and their Impact on Public Health. **International Journal of Public Health**, v. 57, n. 5, p. 757-768, Oct. 2012.

HOWARD, L. **The Climate of London**. London: IAUC, 1831. Disponível em: <https://www.urban-climate.org/documents/LukeHoward_Climate-of-London-V1.pdf>. Acesso em: 2 out. 2019.

HUFTY, A. **Introduction à la climatologie**: le rayonnement et la temperature, l'atmosphère, l'eau le climat et l'activité humaine. Laval: Les Presses de L'Université Laval, 2001.

IAP – Instituto Ambiental do Paraná. **Relatório anual da qualidade do ar na Região Metropolitana de Curitiba**: ano de 2013. Curitiba, 2013. Disponível em: <http://www.iap.pr.gov.br/arquivos/File/Relatorios_qualidade_do_ar/RELATORIO_AR_2013_final.pdf>. Acesso em: 5 dez. 2019.

IEMA – Instituto de Energia e Meio Ambiente. **1º Diagnóstico da rede de monitoramento da qualidade do ar no Brasil**. São Paulo, 2014. Disponível em: <http://www.forumclima.pr.gov.br/arquivos/File/Rosana/Diagnostico_Qualidade_do_Ar_Versao_Final_Std.pdf>. Acesso em: 5 dez. 2019.

IPCC – Intergovernmental Panel on Climate Change. **AR5 Climate Change 2014**: Impacts, Adaptation, and Vulnerability. Part A: Global and Sectoral Aspects. 2014. Disponível em: <https://www.ipcc.ch/report/ar5/wg2/>. Acesso em: 2 out. 2019.

JOYCE, R. J. et al. CMORPH: a Method that Produces Global Precipitation Estimates from Passive Microwave and Infrared Data at High Spatial and Temporal Resolution. **The Journal of Hydrometeorology**, v. 5, p. 487-503, Jun. 2004.

JUSUF, S. K. et al. The Influence of Land Use on the Urban Heat Island in Singapore. **Habitat International**, v. 31, n. 2, p. 232-242, Jun. 2007.

KAJINO, M. et al. Synergy between Air Pollution and Urban Meteorological changes through Aerosol-Radiation-Diffusion Feedback: a Case Study of Beijing in January 2013. **Atmospheric Environment**, v. 171, p. 98-110, Dec. 2017.

KAMPA, M.; CASTANAS, E. Human Health Effects of Air Pollution. **Environmental Pollution**, v. 151, n. 2, p. 362-367, Jan. 2008.

KARTAL, S.; OZER, U. Determination and Parameterization of Some Air Pollutants as a Function of Meteorological Parameters in Kayseri, Turkey. **Journal of the Air & Waste Management Association**, v. 48, n. 9, p. 853-859, Sept. 1998.

KENDALL, M. G. **Rank Correlation Methods**. 4. ed. London: Charles Griffin, 1975.

KRÜGER, E. L. Urban Heat Island and Indoor Comfort Effects in Social Housing Dwellings. **Landscape and Urban Planning**, v. 134, p. 147-156, 2015.

LANDSBERG, H. **The Urban Climate**. New York: Academic Press, 1981.

LEAN, J.; BEER, J.; BRADLEY, R. Reconstruction of Solar Irradiance since 1610: Implications for Climate Change. Geophysical Research Letters, v. 22, n. 23, p. 3195-3198, Dec. 1995.

LE CORBUSIER. **A carta de Atenas**. Tradução de Rebeca Scherer. São Paulo: Hucitec; Edusp, 1993.

_____. **Planejamento urbano**. Tradução de Lúcio Gomes Machado. São Paulo: Perspectiva, 1971.

LEFEBVRE, H. **A revolução urbana**. Tradução de Sérgio Martins. Belo Horizonte: Ed. da UFMG, 1999.

_____. **O direito à cidade**. Tradução de Rubens Eduardo Frias. São Paulo: Centauro, 2001.

LE HOUÉROU, H. N. Climate Change, Drought and Desertification. **Journal of Arid Environments**, v. 34, n. 2, p. 133-185, Oct. 1996.

LI, D.; BOU-ZEID, E.; OPPENHEIMER, M. The Effectiveness of Cool and Green Roofs as Urban Heat Island Mitigation Strategies. **Environmental Research Letters**, v. 9, p. 1-16, May 2014.

LIMA, N. R. de; PINHEIRO, G. M.; MENDONÇA, F. Clima urbano no brasil: análise e contribuição da metodologia de Carlos Augusto de Figueiredo Monteiro. **Revista Geonorte**, v. 2, n. 5, p. 626-638, 2012. Disponível em: <http://www.periodicos.ufam.edu.br/revista-geonorte/article/view/aaaa/2329>. Acesso em: 5 dez. 2019.

LIPPMANN, M. Health Effects of Ozone: a Critical Review. **Journal of the Air and Waste Management Association**, v. 39, n. 5, p. 672-695, May 1989.

LOMBARDO, M. A. **Ilha de calor na metrópole paulistana**. Tese (Doutorado em Geografia) – Universidade de São Paulo, São Paulo, 1984.

LOPES, L. R. et al. Interceptação e ciclagem de nutrientes em Floresta de Encosta na Amazônia Central. In: SIMPÓSIO DE RECURSOS HÍDRICOS DO NORTE E CENTRO OESTE, 1., 2007, Cuiabá. **Anais...** Porto Alegre: ABRH, 2007. p. 1-12.

LU, J. et al. Regression Analysis of the Relationship between Urban Heat Island Effect and Urban Canopy Characteristics in a Mountainous City, Chongqing. **Indoor and Built Environment**, v. 21, n. 6, p. 821-836, Dec. 2012.

LWASA, S. Adapting Urban Areas in Africa to Climate Change: the Case of Kampala. **Current Opinion in Environmental**

Sustainability, v. 2, n. 3, p. 166-171, Aug. 2010.

MAGALHÃES FILHO, L. C. A. **Ilha de calor urbana, metodologia para mensuração**: Belo Horizonte, uma análise exploratória. 333 f. Tese (Doutorado em Geografia) – Pontifícia Universidade Católica de Minas Gerais, Belo Horizonte, 2006. Disponível em: <http://www.biblioteca.pucminas.br/teses/TratInfEspacial_MagalhaesFilhoLC_1.pdf>. Acesso em: 5 dez. 2019.

MANN, H. B. Nonparametric Tests against Trend. **Econometrica**, v. 13, n. 3, p. 245- 259, Jul. 1945.

MARANDOLA JUNIOR, E.; HOGAN, D. J. As dimensões da vulnerabilidade. **São Paulo em Perspectiva**, São Paulo, v. 20, n. 1, p. 33-43, jan./mar. 2006. Disponível em: <http://produtos.seade.gov.br/produtos/spp/v20n01/v20n01_03.pdf>. Acesso em: 5 dez. 2019.

____. Natural Hazards: o estudo geográfico dos riscos e perigos. **Revista Ambiente e Sociedade**, v. 7, n. 2, p. 95-110, 2004. Disponível em: <http://www.scielo.br/pdf/asoc/v7n2/24689.pdf>. Acesso em: 5 dez. 2019.

MARCUZZO, F. F. N.; CARDOSO, M. R. D.; MELLO, L. T. A. de. Uso dos métodos de Krigagem e Spline de tensão no mapeamento de chuvas na Região Metropolitana de Goiânia e seu entorno. In: SIMPÓSIO INTERNACIONAL CAMINHOS ATUAIS DA CARTOGRAFIA NA GEOGRAFIA, 2., 2010, São Paulo. Disponível em: <http://rigeo.cprm.gov.br/xmlui/bitstream/handle/doc/1057/Evento_Uso_Marcuzzo.pdf?sequence=1&isAllowed=y>. Acesso em: 5 dez. 2019.

MARTÍNEZ, J. G. **A governança climática na Região Metropolitana de Curitiba:** uma perspectiva crítica interdisciplinar. 269 f. Tese (Doutorado em Meio Ambiente e Desenvolvimento) – Universidade Federal do Paraná, Curitiba, 2016. Disponível em: <https://

acervodigital.ufpr.br/bitstream/handle/1884/44034/R%20-%20T%20-%20JOYDE%20GIACOMINI%20MARTINEZ.pdf>. Acesso em: 5 dez. 2019.

MARTINS, E. M.; FORTES, J. D. N.; LESSA, R. de A. Modelagem de dispersão de poluentes atmosféricos: avaliação de modelos de dispersão de poluentes emitidos por veículos. **RIC – Revista Internacional de Ciências**, Rio de Janeiro, v. 5, n. 1, p. 2-19, jan./jun. 2015. Disponível em: <https://www.e-publicacoes.uerj.br/index.php/ric/article/view/14498/12693>. Acesso em: 5 dez. 2019.

MARTINS, L. C. et al. Relação entre poluição atmosférica e atendimentos por infecção de vias aéreas superiores no município de São Paulo: avaliação do rodízio de veículos, **Revista Brasileira de Epidemiologia**, v. 4, n. 3, p. 220-229, 2001.

MARUYAMA, S. **Aquecimento global?** Tradução de Kenitiro Suguio. São Paulo: Oficina de Textos, 2009.

MCCORMAC, B. M. (Ed.). **Introduction to the Scientific Study of Atmospheric Pollution**. Dordrecht: D. Reidel, 1971.

MEDEIROS, V. A. S. de. **Urbis Brasiliae ou sobre cidades do Brasil**: inserindo assentamentos urbanos do país em investigações configuracionais comparativas. 520 f. Tese (Doutorado em Engenharia Civil) – Universidade de Brasília, Brasília, 2006. Disponível em: <http://pct.capes.gov.br/teses/2006/926976_6.PDF>. Acesso em: 5 dez. 2019.

MENDONÇA, F. **Geografia e meio ambiente**. São Paulo: Contexto, 1993.

____. **O clima e o planejamento urbano de cidades de porte médio e pequeno**: proposição metodológica para estudo e sua aplicação à cidade de Londrina/PR. 335 f. Tese (Doutorado em Geografia) – Universidade de São Paulo, São Paulo, 1994.

____. Riscos, vulnerabilidade e abordagem socioambiental urbana:

uma reflexão a partir da RMC e de Curitiba. **Desenvolvimento e Meio Ambiente**, Curitiba, n. 10, p. 139-148, jul./dez. 2004. Disponível em: <https://revistas.ufpr.br/index.php/made/article/viewFile/3102/2483>. Acesso em: 5 dez. 2019.

MENDONÇA, F.; CUNHA, F. C. A.; LUIZ, G. C. Problemática socioambiental urbana. **Revista da Anpege**, São Gonçalo, v. 12, n. 18, p. 331-352, 2016. Disponível em: <http://ojs.ufgd.edu.br/index.php/anpege/article/view/6409/3362>. Acesso em: 5 dez. 2019.

MENDONÇA, F.; MONTEIRO, C. A. F. (Ed.). **Clima urbano**. São Paulo: Contexto, 2003.

MENDONÇA, F. et al. Resiliência socioambiental-espacial urbana a inundações: possibilidades e limites no bairro Cajuru em Curitiba (PR). Revista da Anpege, São Gonçalo, v. 12, n. 19, p. 279-298, jul./dez. 2016. Disponível em: <http://ojs.ufgd.edu.br/index.php/anpege/article/view/6383/3334>. Acesso em: 5 dez. 2019.

MIDEKSA, T. K.; KALLBEKKEN, S. The Impact of Climate Change on the Electricity Market: a Review. **Energy Policy**, v. 38, n. 7, p. 3579-3585, Jul. 2010.

MILLS, G. Luke Howard, Tim Oke, and the Study of Urban Climates. In: AMERICAN METEOROLOGICAL SOCIETY ANNUAL MEETING, 89., 2009, Phoenix.

MITCHELL JR., J. M. On the Causes of Instrumentally Observed Secular Temperature Trends. **Journal of Meteorology**, v. 10, n. 4, p. 244-261, 1953.

MIYAMOTO, M. T. **A influência das configurações urbanas na formação de microclimas**: estudo de casos no município de Vitória-ES. 149 f. Dissertação (Mestrado em Arquitetura e Urbanismo) – Universidade Federal do Espírito Santo, Vitória, 2011. Disponível em: <http://portais4.ufes.br/posgrad/teses/tese_5502_Mirian%20Tatiyama.pdf>. Acesso em: 5 dez. 2019.

MONTEIRO, A. Contribuição para o estudo da degradação da

qualidade do ar na cidade do Porto. **Revista da Faculdade de Letras-Geografia**, Porto, Portugal, v. 5, p. 5-31, 1989. Disponível em: <http://web.letras.up.pt/anamt/Publica%C3%A7%C3%B5es/Contribui%C3%A7%C3%A3o%20para%20o%20estudo%20da%20degrada%C3%A7%C3%A3o%20da%20qualidade%20do%20ar%20na%20cidade%20do%20Porto.pdf>. Acesso em: 5 dez. 2019.

MONTEIRO, C. A. de F. **Teoria e clima urbano**. São Paulo: IGEO/USP, 1976.

MONTEIRO, J. H. P. Resíduos sólidos urbanos: considerações sobre e situação da Região Metropolitana do Rio de Janeiro face às mudanças climáticas: vulnerabilidades socioeconômicas. In: INPE – Instituto Nacional de Pesquisas Espaciais. **Megacidades, vulnerabilidades e mudanças climáticas**: Região Metropolitana do Rio de Janeiro. Rio de Janeiro, 2011. p. 171-198.

MOREIRA, D.; TIRABASSI, T. Modelo matemático de dispersão de poluentes na atmosfera: um instrumento técnico para a gestão ambiental. **Revista Ambiente & Sociedade**, São Paulo, v. 7, n. 2, p. 159-173, jul./dez. 2004. Disponível em: <http://www.scielo.br/pdf/asoc/v7n2/24693.pdf>. Acesso em: 5 dez. 2019.

MORSCH, M. R. S.; MASCARÓ, J. J.; PANDOLFO, A. Sustentabilidade urbana: recuperação dos rios como um dos princípios da infraestrutura verde. **Ambiente Construído**, v. 17, n. 4, p. 305-321, out./dez. 2017. Disponível em: <http://www.scielo.br/pdf/ac/v17n4/1678-8621-ac-17-04-0305.pdf>. Acesso em: 5 dez. 2019.

MORTREUX, C.; BARNETT, J. Climate Change, Migration and Adaptation in Funafuti, Tuvalu. **Global Environmental Change**, v. 19, n. 1, p. 105-112, Feb. 2009.

MYRUP, L. O. A Numerical Model of the Urban Heat Island. **Journal of Applied Meteorology**, v. 8, p. 908-918, 1969.

NASCIMENTO, L. F. C. et al. Efeitos da poluição atmosférica na saúde infantil em São José dos

Campos, SP. **Revista de Saúde Pública**, v. 40, n. 1, p. 77-82, 2006. Disponível em: <http://www.luzimarteixeira.com.br/wp-content/uploads/2009/09/poluicao-e-saude-infantil-em-sjcampos.pdf>. Acesso em: 5 dez. 2019.

NASS, D. P. O conceito de poluição. **Revista Eletrônica de Ciências**, São Carlos, n. 13, p. 1, 2002.

NELSON, D. R.; ADGER, W. N.; BROWN, K. Adaptation to Environmental Change: Contributions of a Resilience Framework. **Annual Review of Environmentand Resources**, v. 32, p. 395-419, Nov. 2007.

NIEUWENHUJSEN, M. J.; KHREIS, H. Car Free Cities: Pathway to Healthy Urban Living. **Environment International**, v. 94, p. 251-262, 2016.

OJIMA, R.; HOGAN, D. J. População, urbanização e ambiente no cenário das mudanças ambientais globais: debates e desafios para a demografia brasileira. In: ENCONTRO NACIONAL DE ESTUDOS POPULACIONAIS, 16., 2008, Caxambú. **Anais...** Caxambu: Abep, 2008. Disponível em: <https://www.researchgate.net/publication/241500755_Populacao_urbanizacao_e_ambiente_no_cenario_das_mudancas_ambientais_globais_debates_e_desafios_para_a_demografia_brasileira>. Acesso em: 5 dez. 2019.

OKE, T. R. **Boundary Layer Climates**. London: Methuen, 1978.

_____. **Initial Guidance to Obtain Representative Meteorological Observations at Urban Sites**. Jan. 2006. Disponível em: <https://library.wmo.int/doc_num.php?explnum_id=9286>. Acesso em: 2 out. 2019.

_____. The Distinction between Canopy and Boundary-Layer Urban HeatI Island. **Atmosphere**, v. 14, n. 4, p. 268-277, 1976.

_____. The Energetic Basis of the Urban Heat Island. **Quarterly Journal of the Royal Meteorological Society**, London, v. 108, n. 455, p. 1-24, Jan. 1982.

OLIVEIRA, P. M. P. **Cidade apropriada ao clima**: a forma urbana como instrumento de controle do clima urbano. Brasília: Ed. da UnB, 1988.

OMM. **Guide to Climatological Practices**. Geneva: World Meteorological Organization, 2011.

ONISHI, A. et al. Evaluating the Potential for Urban Heat-Island Mitigation by Greening Parking Lots. **Urban Forestry & Urban Greening**, v. 9, n. 4, p. 323-332, Dec. 2010.

ORNETZEDER, M. et al. The environmental effect of car-free housing: a case in Vienna. **Ecological Economics**, v. 65, n. 3, p. 516-530, 2008.

OSEKI, J. H. A fluvialidade do Rio Pinheiros: um projeto de estudo. **Pós**, n. 8, p. 168-177, dez. 2000. Disponível em: <https://www.revistas.usp.br/posfau/article/view/137334/133054>. Acesso em: 5 dez. 2019.

PASQUILL, F. The estimation of the dispersion of wind-borne materials. **Meteorological Magazine**, v. 90, n. 1063: p. 33-49, 1961

PÉDELABORDE, P. **Introduction à l'étude scientifique du climat**. Paris: Sedes, 1970.

PEDRON, F. de A. et al. Solos urbanos. **Ciência Rural**, Santa Maria, v. 34, n. 5, p. 1647-1653, set./out. 2004. Disponível em: <http://www.scielo.br/pdf/cr/v34n5/a53v34n5.pdf>. Acesso em: 5 dez. 2019.

PETERSEN, A. C. Philosophy of Climate Science. **Bulletin of the American Meteorological Society**, v. 81, n. 2, p. 265-271, 2000.

PETERSON, T .C. et al. **Report on the Activities of the Working Group on Climate Change Detection and Related Rapporteurs 1998-2001**. Geneve, Switzerland, 2001.

PHILIPPE, C. **Analyse de la pollution atmosphérique aux échelles locale et regionale**. Modelisation spatiale et temporelle à l'aide d'une méthode de scénarii épisodiques. 223 f. Tese (Doutorado em Physique

Energetique) – L'institut National des Sciences Appliquees de Rouen, Rouen, 2004.

PINHEIRO, G. M. **Variabilidade temporo-espacial da pluviosidade da Bacia do Alto Iguaçu**. 274 f. Tese (Doutorado em Geografia) – Universidade Federal do Paraná, Curitiba, 2016. Disponível em: <https://acervodigital.ufpr.br/bitstream/handle/1884/44481/R%20-%20T%20-%20GABRIELA%20MARQUES%20PINHEIRO.pdf?sequence=1&isAllowed=y>. Acesso em: 5 dez. 2019.

PINSON, L. et al. Reconstruction de l'objet canicule: modélisation et représentation graphique. In: CONFÉRENCE INTERNATIONALE SPATIAL ANALYSIS AND GEOMATICS – SAGEO, 11., 2015. p. 90-102.

PIRES, E. G.; FERREIRA JUNIOR, L. G. Mapeamento da temperatura de superfície a partir de imagens termais dos satélites Landsat 7 e Landsat 8. In: SIMPÓSIO BRASILEIRO DE SENSORIAMENTO REMOTO, 17., 2015, João Pessoa. **Anais...** João Pessoa, 2015. Disponível em: <http://www.dsr.inpe.br/sbsr2015/files/p1671.pdf>. Acesso em: 5 dez. 2019.

QIN, Y. A Review on the Development of Cool Pavements to Mitigate Urban Heat Island Effect. **Renewable and Sustainable Energy Reviews**, v. 52, p. 445-459, 2015.

RAJKOVICH, N. B.; LARSEN, L. A Bicycle-based Field Measurement Field System for the Study of Thermal Exposure in Cuyahoga County, Ohio, USA. **International Journal of Environmental Research and Public Health**, v. 13, n. 2, p. 1-19, Jan. 2016.

REYES, J. et al. Influence of Air Pollution on Degradation of Historic Buildings at the Urban Tropical Atmosphere of San Francisco de Campeche City, Mexico. In: CHMIELEWSKI, A. G. (Org.). **Monitoring, Control and Effects of Air Pollution**. Mexico: InTech, 2011. p. 201-226.

RIBEIRO, A. G. As escalas do clima. **Boletim de Geografia Teorética**, v. 23, n. 46, p. 288-294, 1993. Disponível em: <https://edisciplinas.usp.br/pluginfile.php/2951974/mod_folder/content/0/RIBEIRO_Antonio_Giacomini_As_escalas_do_clima.pdf?forcedownload=1>. Acesso em: 5 dez. 2019.

RIBEIRO, S. K.; SANTOS, A. S. (Ed.). **Mudanças climáticas e cidades**: Relatório Especial do Painel Brasileiro de Mudanças Climáticas. Rio de Janeiro: PBMC/Coppe-UFRJ, 2016.

ROCHA, O. P. **A era das demolições**: cidade do Rio de Janeiro 1870-1920. Rio de Janeiro: Prefeitura da Cidade do Rio de Janeiro, 1995.

RODWIN, L. **Planejamento urbano em países em desenvolvimento**. Tradução de Ary Blaustein. São Paulo: Aliança para o Progresso, 1967.

ROIGER, A.; HUNTRIESER, H.; SCHLAGER, H. Long-Range Transport of Air Pollutants. **Atmospheric Physics**, Oberpfaffenhofen, 2012.

ROLO, D. A. M. O.; GALLARDO, A. L. C. F.; RIBEIRO, A. P. Revitalização de rios urbanos promovendo adaptação às mudanças climáticas baseada em ecossistemas: quais são os entraves e as oportunidades?, São Paulo. **Anais...** São Paulo, 2017.

ROMERO, H. et al. Rapid Urban Growth, Land-use Changes and Air Pollution in Santiago, Chile. **Atmospheric Environment**, v. 33, p. 4039-4047, 1999.

ROSA, M. Jardins de chuva estão surgindo pela cidade de São Paulo. **Ciclo Vivo**, 20 abr. 2018. Disponível em: <https://ciclovivo.com.br/mao-na-massa/permacultura/jardins-de-chuva-estao-surgindo-pela-cidade-de-sao-paulo/>. Acesso em: 2 out. 2019.

ROSEGHINI, W. F. F. **Clima urbano e dengue no centro-sudoeste do Brasil**. 153 f. Tese (Doutorado em Geografia) – Universidade Federal do Paraná, Curitiba, 2013. Disponível em: <https://

acervodigital.ufpr.br/bitstream/handle/1884/32043/R%20-%20T%20-%20WILSON%20FLAVIO%20FELTRIM%20ROSEGHINI.pdf>. Acesso em: 5 dez. 2019.

RUSSO, P. R. A qualidade do ar no município do Rio de Janeiro: análise espaço-temporal de partículas em suspensão na atmosfera. **Revista de Ciências Humanas**, v. 10, n. 1, p. 78-93, jan./jun. 2010. Disponível em: <https://periodicos.ufv.br/RCH/article/view/3491/A%20Qualidade%20do%20Ar%20no%20Munic%C3%ADpio%20do%20Rio%20de%20Janeiro%3A%20An%C3%A1lise%20Espa%C3%A7o-Temporal%20de%20Part%C3%ADculas%20em%20Suspens%C3%A3o%20na%20Atmosfera>. Acesso em: 5 dez. 2019.

SALVIANO, M. F.; GROPPO, J. D.; PELLEGRINO, G. Q. Análise de tendências em dados de precipitação e temperatura no Brasil. **Revista Brasileira de Meteorologia**, Florianópolis, v. 31, n. 1, p. 64-73, 2016. Disponível em: <http://www.scielo.br/pdf/rbmet/v31n1/0102-7786-rbmet-31-01-0064.pdf>. Acesso em: 5 dez. 2019.

SANTANA, E. et al. **Padrões de qualidade do ar**: experiência comparada do Brasil, EUA e União Europeia. São Paulo: Instituto de Energia e Meio Ambiente, 2012.

SANT'ANNA NETO, J. L. Por uma geografia do clima: antecedentes históricos, paradigmas contemporâneos e uma nova razão para um novo conhecimento. **Terra Livre**, São Paulo, n. 17, p. 49-62, 2001. Disponível em: <http://www2.fct.unesp.br/docentes/geo/joaolima/clima2012/texto%202%20joaolima.pdf>. Acesso em: 5 dez. 2019.

SANTOS, M. **A urbanização brasileira**. São Paulo: Edusp, 1993.

SEINFELD, J. H.; PANDIS, S. N. **Atmospheric Chemistry and Physics**: from Air Pollution to

Climate Change. 2. ed. New Jersey: Wiley InterScience, 2006.

SHIGETA, Y.; OHASHI, Y.; TSUKAMOTO, O. Urban Cool Island in Daytime: Analysis by Using Thermal Image and Air Temperature Measurements. In: INTERNATIONAL CONFERENCE ON URBAN CLIMATE, 7., 2009, Yokohama.

SILVA, R. B. da. Mobilidade pendular, população e vulnerabilidade socioambiental na Região Metropolitana da Baixada Santista: um olhar sobre Cubatão. In: ENCONTRO NACIONAL DE ESTUDOS POPULACIONAIS, 16., 2008, Caxambu.

SINI, J. F.; ANQUETIN, S.; MESTAYER, P. G. Pollutant Dispersion and Thermal Effects in Urban Street Canyons. **Atmospheric Environment**, v 30, n. 15, p. 2.659-2.677, 1996.

SMHI. Airviro User's Reference. v. II: Working with the Dispersion Module. Swedish Meteorological and Hydrological Institute, 2015. Disponível em: <http://www.smhi.se/polopoly_fs/1.98389!/Menu/general/extGroup/attachmentColHold/mainCol1/file/UserRef_Volume2_Dispersion_v4.00.pdf>. Acesso em: 2 out. 2019.

SMITH, M. E. Form and Meaning in the Earliest Cities: a New Approach to Ancient Urban Planning. **Journal of Planning History**, v. 6, n. 1, p. 3-47, Feb. 2007.

SOLTANI, A.; SHARIFI, E. Daily Variation of Urban Heat Island Effect and its Correlations to Urban Greenery: a Case Study of Adelaide. **Frontiers of Architectural Research**, v. 6, n. 4, p. 529-538, Dec. 2017.

SORRE, M. F. Traité de climatologie biologique et medicale. Tradução de José Bueno Conti. **Revista do Departamento de Geografia**, São Paulo, v. 18, 2006.

SORRE, M. Introduction-Livre Premier: Climatophysique e Climatochimie. In: PIERRY. Traité de Climatologie

Biologique et Médicale. Tome I, Paris 1934.

SOUZA, S. L. de. **Doenças respiratórias em Araucária-PR (2001 a 2003)**: condicionantes socioambientais e poluição atmosférica. 223 f. Dissertação (Mestrado em Geografia) – Universidade Federal do Paraná, Curitiba, 2006. Disponível em: <https://acervodigital.ufpr.br/bitstream/handle/1884/33622/R%20-%20D%20-%20SIMONE%20LAIS%20DE%20SOUZA.pdf?sequence=1&isAllowed=y>. Acesso em: 5 dez. 2019.

SPAGNOLO, S. Gestión ambiental del desarrollo urbano. Estudio de caso: localidad de General Daniel Cerri. **Huellas**, n. 15, p. 180-197, 2011.

STEG, L. Car Use: Lust and Must. Instrumental, Symbolic and Affective Motives for Car Use. **Transportation Research Part A**, v. 39, p. 147-162, 2005.

SUERTEGARAY, D. M. A. Geografia Física(?) geografia ambiental(?) ou geografia e ambiente(?). In: MENDONÇA, F.; KOZEL, S. (Org.). **Elementos de epistemologia da geografia contemporânea**. Curitiba: Ed. da UFPR, 2002. p. 111-120.

SULAIMAN, A. et al. Distribution Ozone Concentration in Klang Valley using GIS Approaches. **Journal of Physics: Conference Series**, v. 852, n. 1, p. 1-8, 2017.

SUNDBORG, A. Local Climatological Studies of the Temperature Conditions in an Urban Area. **Tellus**, v. 2, n. 3, p. 222-232, Aug. 1950.

TADANO, Y. S. **Análise do impacto de MP10 na saúde populacional**: estudo de caso em Araucária, PR. 122 f. Dissertação (Mestrado em Engenharia Mecânica e de Materiais) – Universidade Tecnológica Federal do Paraná, Curitiba, 2007. Disponível em: <http://livros01.livrosgratis.com.br/cp045475.pdf>. Acesso em: 5 dez. 2019.

TAN, J. et al. The Urban Heat Island and its Impact on Heat Waves and Human Health in Shanghai. **International Journal of**

Biometeorological, v. 54, n. 1, p. 75-84, Jan. 2010.

TONNE, C. et al. Air Pollution and Mortality Benefits of the London Congestion Charge: Spatial and Socioeconomic Inequalities. **Occupational and Environmental Medicine**, v. 65, n. 9, p. 620-627, Sept. 2008.

TOPP, H.; PHAROAH, T. Car-Free City Centers. **Transportation**, v. 21, n.3, p. 231-247, 1994.

TRICART, J. **Ecodinâmica**. Rio de Janeiro: IBGE, 1977.

TUCCI, C. E. M. Gerenciamento da drenagem urbana. RBRH – Revista Brasileira de Recursos Hídricos, v. 7, n. 1, p. 5-27, jan./mar. 2002. Disponível em: <http://rhama.com.br/blog/wp-content/uploads/2017/01/GEREN02.pdf>. Acesso em: 5 dez. 2019.

____. Inundações e drenagem urbana. In: TUCCI, C. E. M.; BERTONI, J. C. (Org.). Inundações urbanas na América do Sul. Porto Alegre: Associação Brasileira de Recursos Hídricos, 2003. p. 45-150.

TUCCI, C. E. M.; BERTONI, J. C. (Org.). **Inundações urbanas na América do Sul**. Porto Alegre: Associação Brasileira de Recursos Hídricos, 2003. p. 97-112.

UN – United Nations. **Report of the World Commission on Environment and Development: our Common Future**. 1987. Disponível em: <https://sustainabledevelopment.un.org/content/documents/5987our-common-future.pdf>. Acesso em: 2 out. 2018.

____. **World Urbanization Prospects**. 2014. Disponível em: <https://population.un.org/wup/Publications/>. Acesso em: 6 dez. 2019.

UN CC: LEARN. **Resource Guide for Advanced Learning on Climate Change and Cities**. 2016. Disponível em: <https://www.uncclearn.org/sites/default/files/resource_guide_for_advanced_learning_cities_and_

climate_change.pdf>. Acesso em: 2 out. 2019.

VAREJÃO-SILVA, M. A. **Meteorologia e climatologia**. 2. ed. Recife, 2006. e-book.

VENKAT RAO, N.; RAJASEKHAR, M.; CHINNA RAO, G. Detrimental Effect of Air Pollution, Corrosion on Building Materials and Historical Structures. **American Journal of Engineering Research**, v. 3, n. 3, p. 359-364, 2014.

VIGOTTI, M. A. et al. Short Term Effects of Urban Air Pollution on Respiratory Health in Milan, Italy, 1980-89. **Journal of Epidemiology and Community Health**, v. 50, p. 71-75, May 1996.

WEINREB, B.; HIBBERT, C. (Ed.). **The London Encyclopaedia**. London: Macmillan, 1983.

YANG, X. et al. The Urban Cool Island Phenomenon in a High-Rise High-Density City and its Mechanisms. **International Journal of Climatology**, v. 37, n. 2, p. 890-904, May 2017.

ZAVATTINI, J. A. O paradigma da análise rítmica e a climatologia geográfica brasileira. **Geografia**, Rio Claro, v. 25, n. 3, p. 25-43, dez. 2000. Disponível em: <http://www.periodicos.rc.biblioteca.unesp.br/index.php/ageteo/article/view/2068/1798>. Acesso em: 5 dez. 2019.

Bibliografia comentada

ALMEIDA, L. Q. de. **Vulnerabilidades socioambientais de rios urbanos**: bacia hidrográfica do Rio Maranguapinho – Região Metropolitana de Fortaleza, Ceará. 278 f. Tese (Doutorado em Geografia) – Universidade Estadual Paulista, Rio Claro, 2010. Disponível em: <https://repositorio.unesp.br/handle/11449/104309>. Acesso em: 5 dez. 2019.

Essa tese, defendida em 2010 e laureada com os prêmios de melhor tese pela Associação Nacional de Pós-Graduação em Geografia e Melhor Tese em Geografia pela Coordenação de Aperfeiçoamento de Pessoal de Nível Superior (CAPES), aborda os conceitos-chave da climatologia e da geografia, como riscos e vulnerabilidade, de maneira clara e concisa. Por trás das técnicas de cartografia empregadas no mapeamento de riscos, o autor fornece um amplo embasamento teórico sobre a unidade da ciência geográfica.

HOWARD, L. **The Climate of London**. London: IAUC, 1831. Disponível em: <https://www.urban-climate.org/documents/LukeHoward_Climate-of-London-V1.pdf>. Acesso em: 2 out. 2019.

Essa obra é considerada a origem do conceito de clima urbano. Nela, o leitor poderá entender os levantamentos e as metodologias utilizados por Luke Howard em 1831, para então definir a influência da cidade de Londres sobre o clima local.

LOMBARDO, M. A. **Ilha de calor na metrópole paulistana**. Tese (Doutorado em Geografia) – Universidade de São Paulo, São Paulo, 1984.

Estudos cujo foco é a cidade de São Paulo em sua totalidade, de maneira geral, não são fáceis, dadas as proporções da metrópole e sua complexidade. O trabalho de Lombardo foi pioneiro no âmbito das análises das ilhas de calor no Brasil, e o estudo da cidade de São Paulo o torna ainda mais especial.

MENDONÇA, F. de A. **Clima e o planejamento urbano de cidades de porte médio e pequeno**: proposição metodológica para estudo e sua aplicação à cidade de Londrina/PR. 335 f. Tese (Doutorado em Geografia) – Universidade de São Paulo, São Paulo, 1994.

Considerada uma obra clássica a respeito da temática clima urbano brasileiro, esse trabalho alicerça diversas outras no que tange à metodologia de estudos sobre clima urbano. Mendonça propõe uma discussão sobre o planejamento urbano e destaca sua relação com a formação dos climas urbanos, dando enfoque à cidade planejada de Londrina, no Paraná.

MONTEIRO, C. A. F. **Teoria e clima urbano**. São Paulo: IGEO/USP, 1976.

Trata-se da mais importante obra no âmbito do clima urbano brasileiro, publicada em 1976, e que apresenta a teoria do Sistema Clima Urbano (SCU), com seus canais de percepção físico-químico, termodinâmico e hidrometeórico. O livro propõe a concepção do clima das cidades como um sistema aberto, em que se pode facilmente identificar e trabalhar sobre seus atributos e outputs.

OKE, T. R. **Boundary Layer Climates**. London: Mathuen&Co., 1978.

Nesta obra, Oke propõe a divisão escalar do clima das cidades entre urban canopy layer *e* urban boundary layer, *apontando a ideia de que estudos multiescalares são uma forma mais completa de compreensão da influência do urbano sobre o clima. Sua teoria é enriquecida com diagramas e esquemas de fácil compreensão.*

Respostas

Capítulo 1

Atividade de autoavaliação

1. c

2. d

3. F, V, V, F, V

4. d

5. F, V, V, V

6. a

Atividades de aprendizagem
Questões para reflexão

1. Desde 2007, a maior parte da população mundial já vive em cidades. O grande contingente populacional em porções limitadas do espaço torna a relação entre homem e natureza mais intensa nesses sítios, o que acarreta em clima e ambientes muito mais complexos. Nesse ponto, observamos diversas consequências da alta densidade populacional e de construções no clima, e deste na sociedade, traduzido sob a forma de ilhas de calor, má qualidade do ar, enchentes e inundações, entre outros. Se o clima de uma cidade já é de grande complexidade e gera grandes consequências para a maior parte da população global, pensando em cenários de mudanças climáticas, as cidades se tornarão locais ainda mais vulneráveis às ações do clima, o que torna tão importantes os estudos em clima urbano.

2. Resposta pessoal, mas o objetivo é que o leitor reflita sobre seu papel enquanto cidadão urbano para com o clima de sua cidade.

Capítulo 2

Atividades de autoavaliação

1. d

2. b

3. c

4. d

5. a

Atividades de aprendizagem
Questões para reflexão

1. Por *planejamento urbano* podemos definir o ato de projetar, organizar ou programar uma cidade, com ação sob suas formas, funções e estruturas a partir de determinada intencionalidade que observe as necessidades dos citadinos e leve em conta a dinamicidade da urbe.

2. As características da morfologia urbana que influenciam no clima das cidades são: rugosidade e porosidade do tecido urbano; densidade construída; tamanho; ocupação do solo; orientação; permeabilidade do solo; e propriedades dos materiais. A rugosidade do tecido urbano é definida pelas diferentes alturas dos edifícios que formam o tecido urbano, afetando diretamente a velocidade dos ventos de superfície. A porosidade, por sua vez, trata da distância entre os edifícios construídos, que alteram o fluxo e a direção dos ventos no tecido urbano. A densidade é apontada como o número de habitantes em uma

área urbana específica. As áreas densamente ocupadas e com poucos espaços livres são prejudiciais à qualidade ambiental de um dado sítio por possuírem maiores quantidades de superfícies artificiais. O tamanho se divide entre vertical e horizontal. O vertical nos remete novamente ao impedimento da circulação de ventos e alteração no campo térmico das cidades. Além disso, é constatado também seu efeito de sombra. Já a orientação é tida como o posicionamento apropriado da forma urbana ante os caminhos do sol, do vento e de outros elementos naturais. A permeabilidade do solo é uma característica física que influencia diretamente no campo térmico e hidrodinâmico da cidade. Por fim, sobre as propriedades dos materiais utilizados na construção de cidades, podemos afirmar que algumas têm consequências diretas na temperatura.

Capítulo 3

Atividades de autoavaliação

1. b
2. c
3. b
4. c
5. d

Atividades de aprendizagem

Questões para reflexão

1. Podemos citar os seguintes fatores: alta densidade de construções, excesso de materiais que absorvem mais calor, ausência de áreas verdes, entre outros.

2. O balanço energético é uma ferramenta que nos indica quanta energia entra em nosso sistema e o seu destino, seja ela absorvida pelas nuvens ou pela superfície terrestre, seja refletida pela atmosfera ou pela superfície.

Capítulo 4

Atividades de autoavaliação

1. c

2. d

3. d

4. d

5. a

Atividades de aprendizagem
Questões para reflexão

1. Por *risco*, Marandola Junior e Hogan (2004) apontam uma situação futura que envolva incerteza e insegurança por parte de um sujeito ou de uma população diante de um perigo, sendo categorizado em risco social, tecnológico e ambiental. Por *vulnerabilidade*, entende-se a suscetibilidade ou a exposição do ser humano, enquanto indivíduo e sociedade, aos riscos.

2. Esses sistemas baseiam-se em pequenas ações no âmbito do urbanismo que poderiam melhorar significativamente o sistema de drenagem de uma cidade, diminuindo o volume de água das chuvas que escoam superficialmente, melhorando a infiltração de água e aumentando as áreas verdes das cidades.

Capítulo 5

Atividades de autoavaliação

1. c

2. b

3. d

4. d

5. F, F, V, V

Atividades de aprendizagem
Questões para reflexão

1. É a entrada de quaisquer substâncias em um dado meio que seja diferente de seus componentes naturais a ponto de afetá-lo de forma danosa. Os poluentes podem ter origem natural ou antrópica e envolvem poluição do ar, da água, do solo, entre outros.

2. São eles: os efeitos estéticos, consequência da presença de poluentes na atmosfera nas estruturas físicas construídas, podendo causar desgaste de materiais, perda de cor, ou mesmo sujando as estruturas. Existem ainda os efeitos irritantes e tóxicos, que pululam o espectro dos problemas ligados à saúde. Os efeitos irritantes são menos danosos, causando problemas principalmente às mucosas e aos olhos, podendo gerar ainda ardência e incômodo. Por fim, os efeitos tóxicos são aqueles que causam consequências extremas à saúde em virtude de envenenamento por gases tóxicos, atingindo os sistemas respiratórios, cardiovascular e nervoso, dependendo do poluente e do nível em que ele se encontra.

Capítulo 6

Atividades de autoavaliação

1. c

2. d

3. b

4. d

5. c

Atividades de aprendizagem
Questões para reflexão

1. *Variabilidade climática* é a flutuação ou oscilação natural de variáveis meteorológicas em torno de um parâmetro considerado normal em dada localidade. Já a *mudança climática* é uma modificação muito intensa nesse padrão, natural ou não, e pode ser observada mediante longas séries históricas e por cálculos de tendência.

2. Para justificar o papel do homem, podemos citar o aumento na concentração de dióxido de carbono na atmosfera, assim como o aumento na frequência de eventos extremos e a tendência à elevação nas temperaturas observados nos últimos anos. Para justificar a origem natural do problema, podemos citar a ausência de séries históricas longas, o grande número de fatores que justificam alterações climáticas muito além do dióxido de carbono e até mesmo o baixo percentual desse composto total na atmosfera em relação a outros gases.

Sobre o autor

Francisco Castelhano é licenciado e bacharel em Geografia (2014) pela Universidade Federal do Paraná (UFPR) e realizou intercâmbio acadêmico na Universidad Católica de Ávila, Espanha. É doutor em Geografia (2019) também pela UFPR, trabalhando com os temas de clima urbano, produção do espaço urbano, meio ambiente e qualidade do ar. Foi membro do Laboratório de Climatologia da UFPR (Laboclima) de 2010 a 2019 e pesquisador visitante no Swedish Meteorological and Hydrological Institute, em 2016, trabalhando com Modelagem de Poluentes Atmosféricos. É membro da Associação Brasileira de Climatologia (2015) e compõe o corpo editorial da *Revista Brasileira de Climatologia* desde 2016. Atualmente, é pesquisador em nível de pós-doutorado do Programa de Pós-Graduação em Geografia da Universidade Federal de Sergipe (UFS), coordenando pesquisas na área de clima urbano e qualidade do ar.

Impressão:
Dezembro/2019